U0051933

簡單好上手
初學者也OK！

簡單好上手
初學者也OK！

俏皮裝可愛！

女孩最愛の鉤織口金包

34款開心選！

簡單好上手
初學者也OK！

愛線妞媽◎著

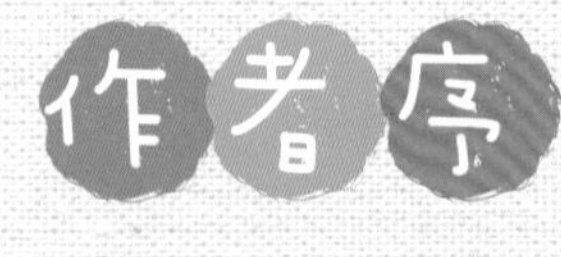

書寫到現在，也第三本了。

從一開始的戰戰兢兢，到現在的駕輕就熟，

唯一不曾改變的，

是那股想讓生活變得更加美好與有趣的初衷。

一路走來，要感謝好多好多人。

首先，謝謝引領我走上這條路的好朋友——毓嫻。

同為媽媽的我們，因為有著同樣想把生活過的更精采的理念，

意外擦出使我走向毛線編織路的火花……

再來，謝謝雅書堂的慧眼識英雄（笑），

沒有出版社團隊的努力，

勢必無法將成果展現的如此完美。

接著，謝謝黃合成有限公司，

在這本書的創作過程中，

傾全力的給予我支持與協助。

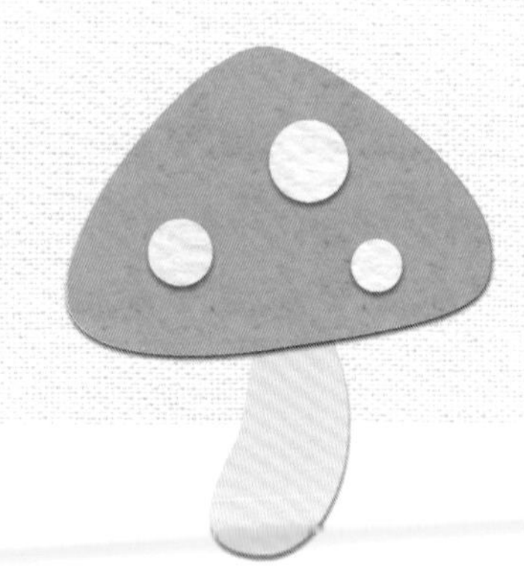

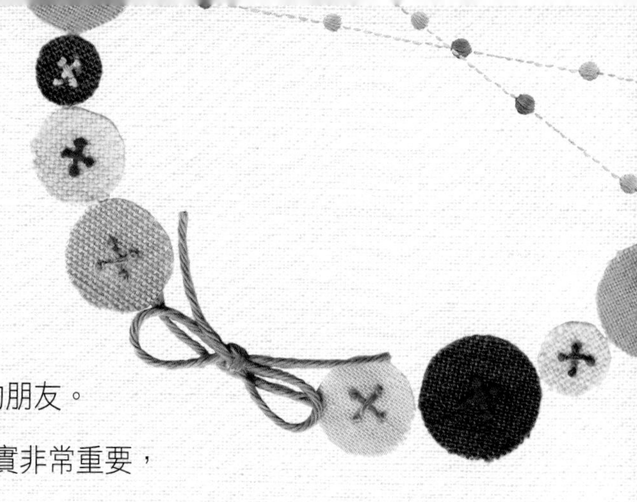

最後，謝謝每一個愛護妞媽的朋友。

你們的feeback，對我來說著實非常重要，

一點點的鼓勵與肯定，

便是我繼續創造與不斷發想新作品的動力。

手作的世界，

很簡單，很有趣，很美好。

一起加入我們吧！

愛線妞媽

Part 01 女孩最愛口金包

鮮活植物

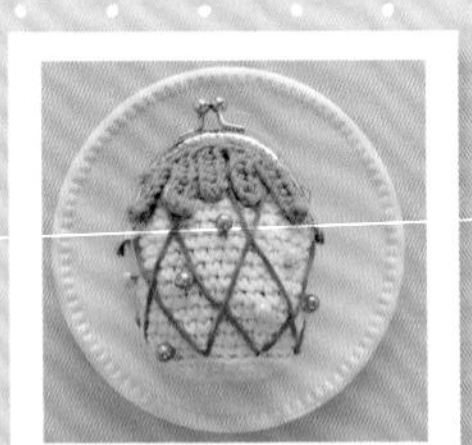

基礎花兒包

進階花兒包方型口金

紙繩手拿包

基礎款可愛動物

目錄 Contents

歪歪頭長口金

25 歪頭熊 P.28

26 歪頭貓 P.29

變化款長口金

27 蝴蝶蝴蝶真美麗 P.30

28 蜜蜂嗡嗡嗡 P.31

擬真動物

29 我是熊 P.32

30 馬爾濟斯 P.32

31 泰迪熊狗（貴賓）P.33

32 雪納瑞 P.33

33 白梗 P.33

34 藍貓 P.34

目錄 Contents

Part 02 女孩の鉤織小學堂

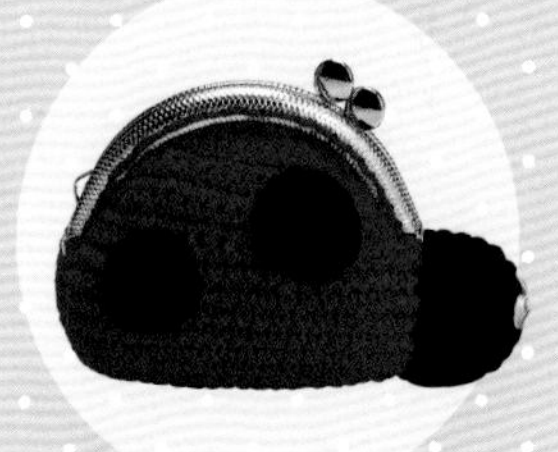

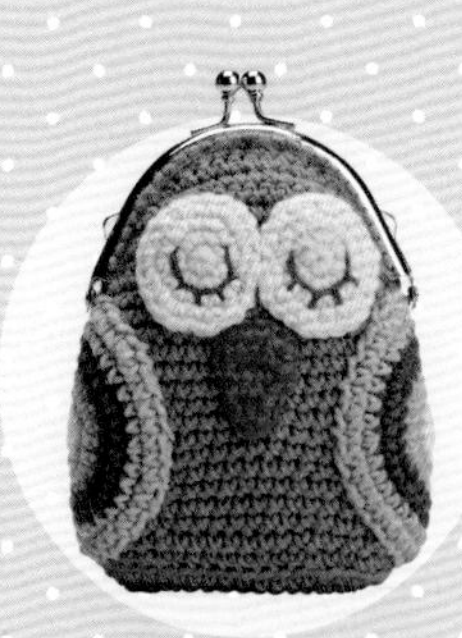

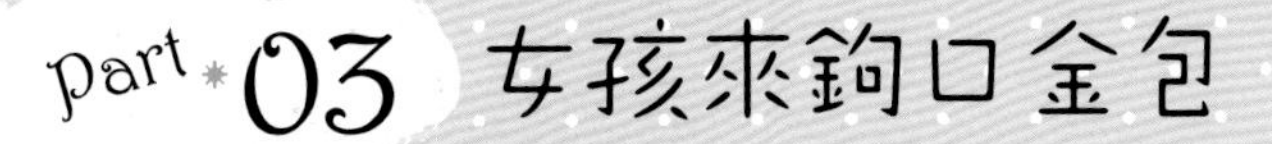

Part 03 女孩來鉤口金包

Part 01

女孩最愛口金包

Enjoy Handmade

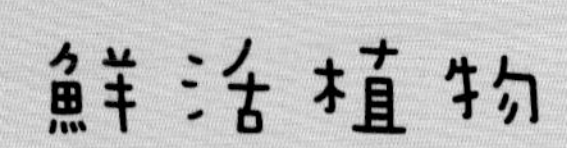

02 繽紛草莓

How to Make ✲ P.51

01 氣質草莓

How to Make ✲ P.50

03 蘑菇

How to Make ✲ P.52

04
鳳梨
How to Make ✲ P.53

基礎花兒包
05 春天來囉！
How to Make ✲ P.54
Garden
B
A

07

風華絕代

How to Make ✲ P.57

06

典雅小花

How to Make ✲ P.56

紙繩手拿包

08 花開富貴

How to Make ✲ P.59

09 蝶兒飛

How to Make ✲ P.59

基礎款可愛動物

10 阿姑金幾咧～厚嘴鴨

How to Make ✲ P.61

11 小小貓熊
How to Make ✲ P.62
12 甜心豬
How to Make ✲ P.64

13 青蛙呱呱呱

How to Make ✲ P.61

14

章魚伙計

How to Make ✲ P.65

15
大象王子

How to Make ✲ P.66

16 金魚

How to Make ✲ P.68

進階款立體動物

17 烏龜

How to Make ✲ P.71

18
點點瓢蟲

How to Make ✲ P.72

棉花糖可愛動物

19 獅子

How to Make ✲ P.73

20 兔子

How to Make ✲ P.74

21 小熊

How to Make ✲ P.75

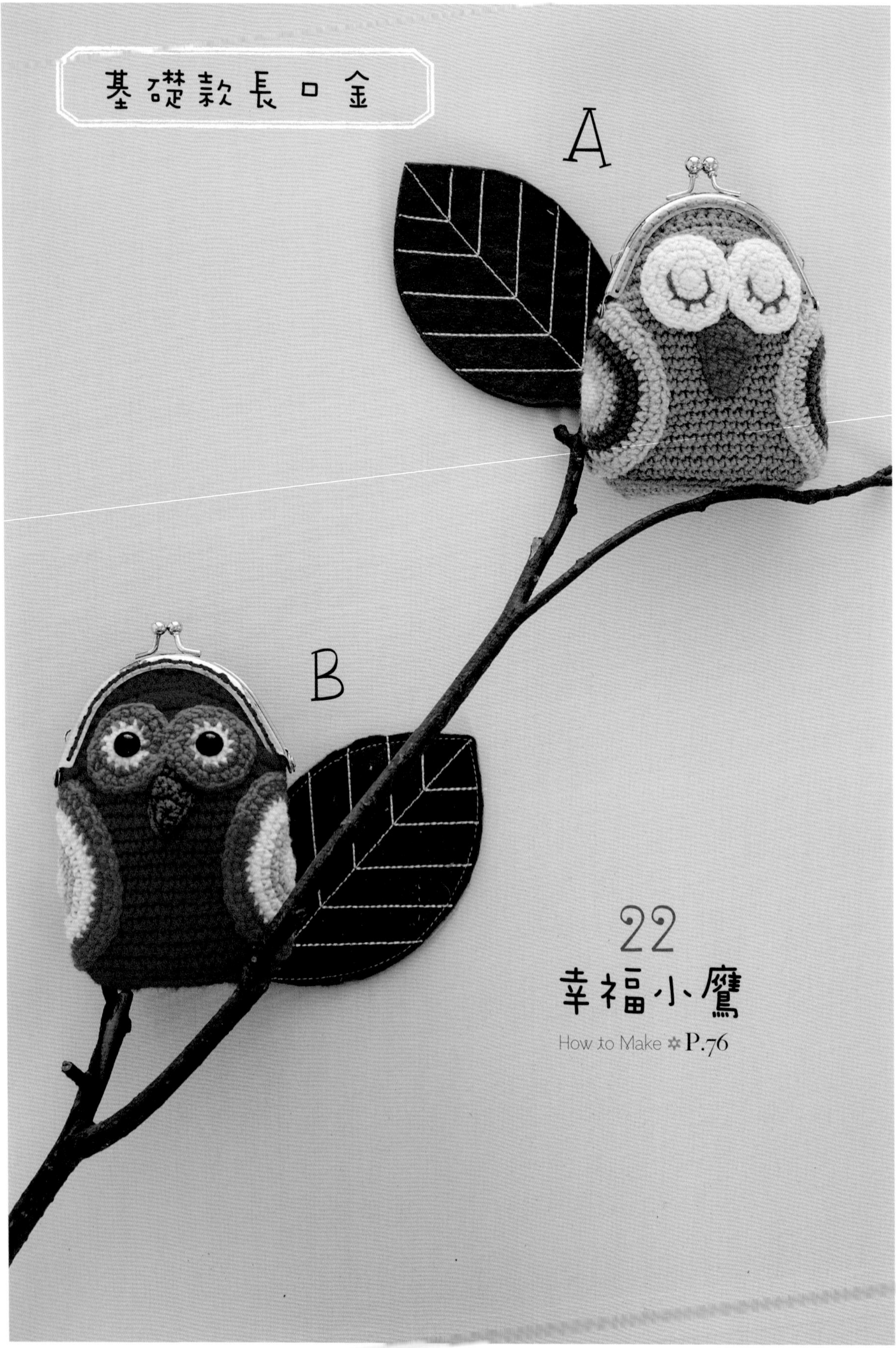

基礎款長口金

A

B

22
幸福小鷹

How to Make ✲ P.76

23 噓～兔子睡著了

How to Make ✲ P.78

24 企鵝寶寶

How to Make ✲ P.79

歪歪頭長口金

25

歪頭熊

How to Make ✲ P.82

26
歪頭貓

How to Make ✲ P.83

變化款長口金

27
蝴蝶蝴蝶真美麗

How to Make ✡ P.84

28 蜜蜂嗡嗡嗡

How to Make ✲ P.86

擬真動物

29
我是熊
How to Make ✡ P.88

30
馬爾濟斯
How to Make ✡ P.89

31 泰迪熊狗(貴賓)

How to Make ✲ P.90

32 雪納瑞

How to Make ✲ P.91

33 白梗

How to Make ✲ P.93

34
藍貓
How to Make ✲ P.94

Part 02 女孩の鉤織小學堂

Handmade Lesson

Lesson 1 一定要知道的超基礎知識

基本工具

以下介紹的工具，都是鉤織時最基本的必備工具。
先了解各項工具的作用再開始鉤織，會更加得心應手喔！

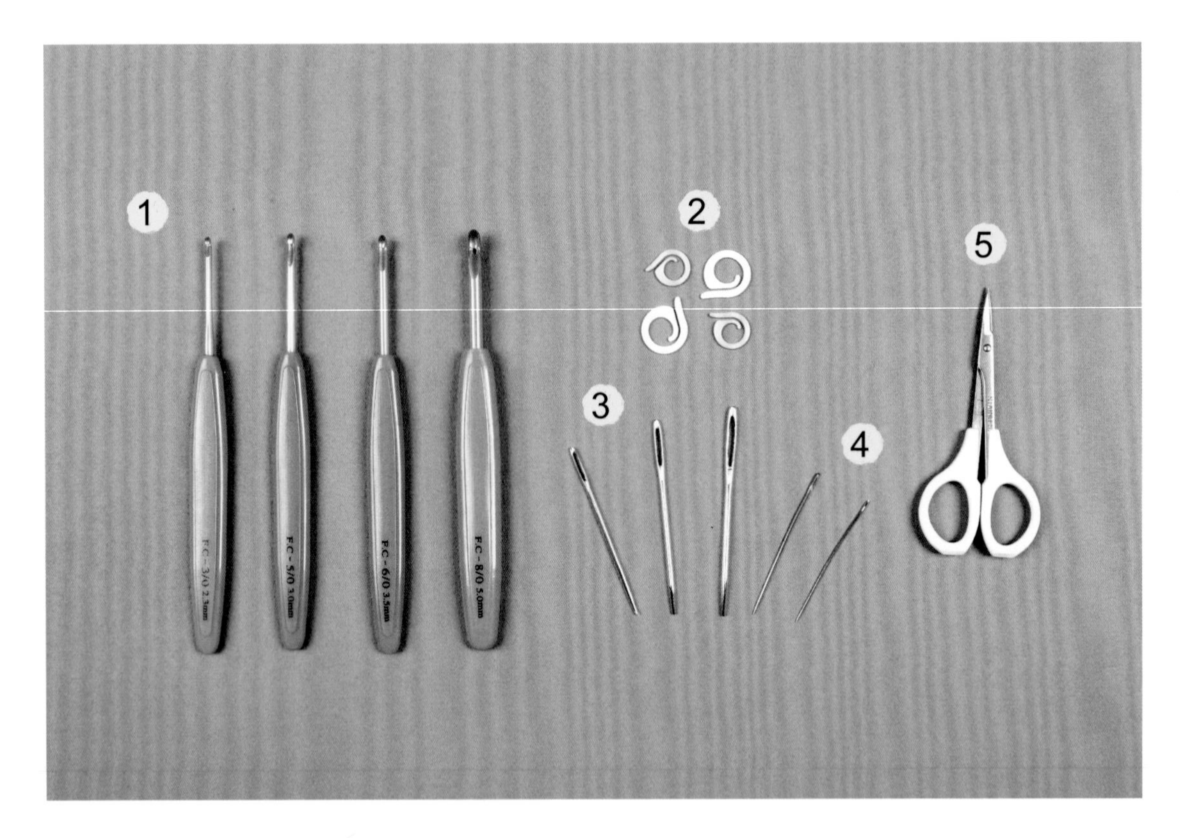

1 鉤針　一般鉤針由2/0號（細）到10/0號（粗），當然也有更粗的巨型鉤針，與更細的蕾絲鉤針。本書依線材粗細不同，分別使用3/0、5/0、6/0、8/0四種尺寸的鉤針，請依作法說明選用。

2 記號圈　有許多樣式與尺寸，但功能都一樣，主要是標示段數或針數之用。編織段數較多時，每隔幾段掛上一個記號圈就很方便計算。剛開始學習鉤織的初學者，也可以在每段的第一針先掛上記號圈，最後若是需要鉤織引拔針，就不會挑錯針目囉！

3 毛線針　縫合織片或是以毛線繡出圖案時使用。

4 縫衣針　以分股的毛線縫合口金與鉤織包本體時使用。

5 線剪　剪斷線材時使用。

關於毛線

鉤織隨身小物或玩偶類，大多使用觸感柔軟的手鉤紗線材，成份多為不容易變形變質又耐洗的亞克力纖維、尼龍等。毛線上的標籤除了記載品名、成分、色號、適用針號等基本資訊外，通常還會有一個表示批次號碼的 Lot. No.。由於同色號的毛線顏色也有可能因為不同染缸批次而產生些許差異，因此購買時要注意，一件作品上相同的顏色，最好使用批號相同的毛線。

抽取毛線時，若直接使用外側的線頭開始編織，這樣標籤容易不見，編織時毛線球也會到處亂滾。只要從毛線球內側中心，抽出另一端線頭所在的那一小球線團（有的廠商會將線頭纏在小紙片上），編織時毛線球就會乖乖待在原地囉！

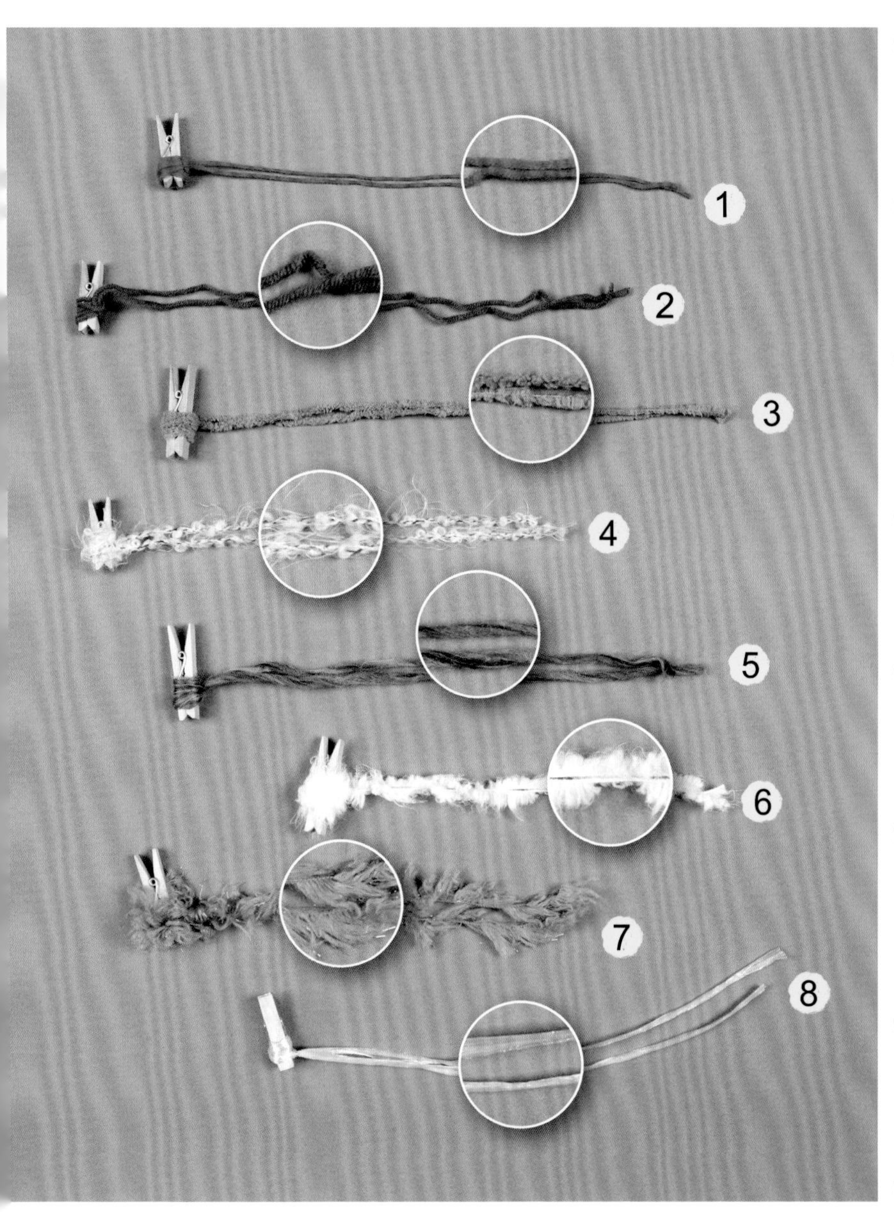

1 I65 娃娃紗
中細線材，觸感柔軟，顏色多樣繽紛，多用於鉤織玩偶及精緻小物。適合使用 3/0 號鉤針。

2 I22 貝碧嘉線
中粗線材，觸感柔軟顏色選擇多，適合鉤織玩偶，或圍巾、帽子等衣飾配件。適合使用 5/0 號鉤針。

3 R79 波麗毛線
中粗線材，外形圓潤，觸感舒適與毛巾相似。常用於鉤織大型玩偶或衣物配件。適合使用 7/0 號鉤針。

4 R63 楓葉毛線（圈圈紗）
中細線材，毛線由圈圈及長纖組成，常用於鉤織圍巾、披肩及配件。適合使用 5/0 號鉤針。

5 I37 吉貝毛線
中粗線材，特殊條狀染法讓毛線顯現美麗的花樣，常用於衣物、配件。適合使用 8/0 號鉤針。

6 J005 糖果紗
粗線材，線上帶有濃密的片狀絨毛，柔軟蓬鬆。常用於圍巾等衣飾配件，或兒童衣物。適合使用 7/0 號鉤針。

7 R62 金色寶貝
粗線材，帶有長長的柔軟片狀絨毛。常用於圍巾等衣物配件。適合使用 8/0 號鉤針。

8 Z86 銀絲草
中細線材，經特殊處理可燙整，色澤亮麗鮮豔。常用於製作帽子、包包、配件等。適合使用6/0號鉤針。

口金框

本書使用以下四種尺寸的口金框，最常見的基本款口金框除了有許多造型、尺寸以外，還分為無孔黏合式與有孔縫合式。書中使用的皆為有孔縫合式口金框。

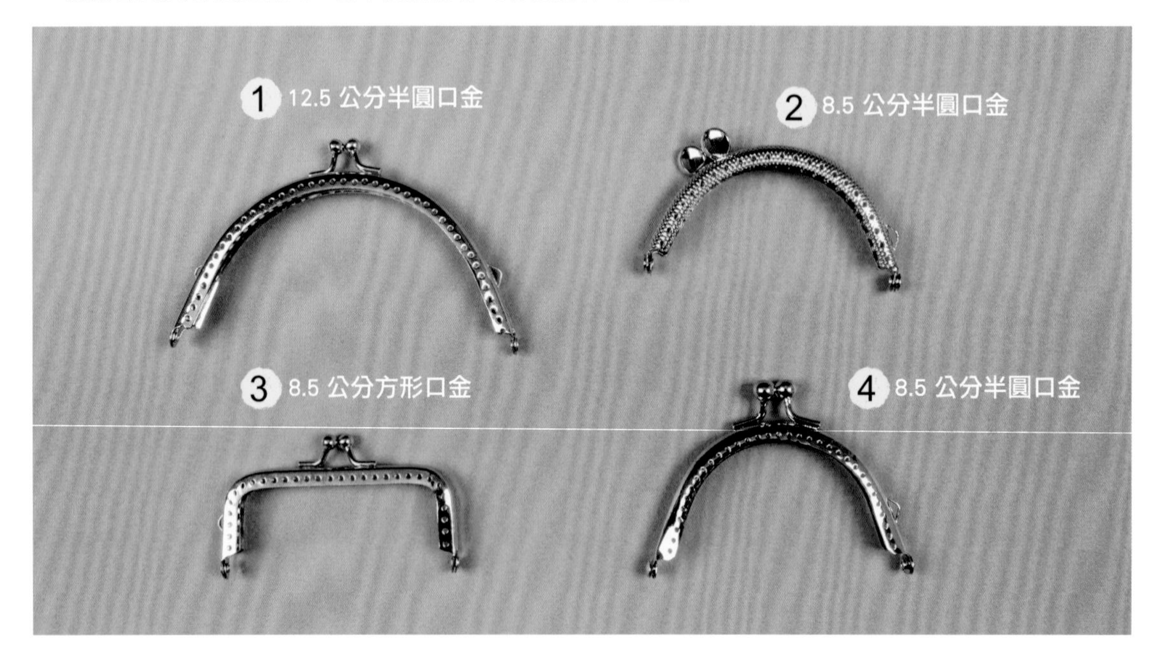

裝飾配件

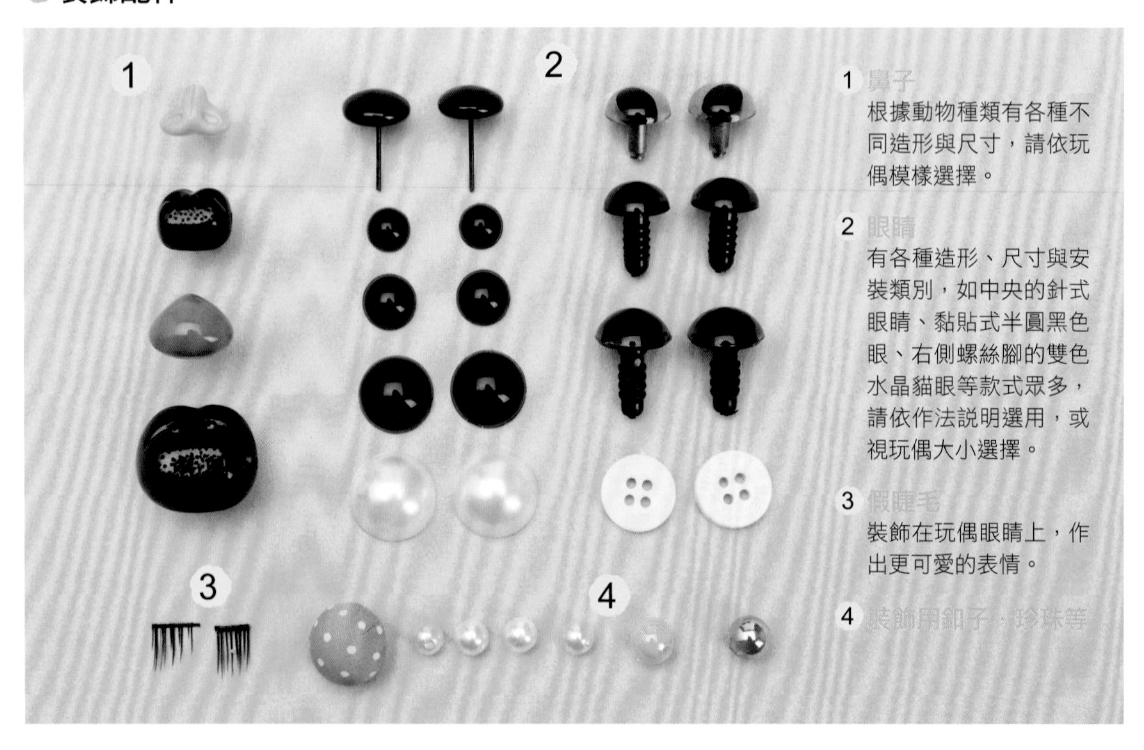

1 鼻子

根據動物種類有各種不同造形與尺寸，請依玩偶模樣選擇。

2 眼睛

有各種造形、尺寸與安裝類別，如中央的針式眼睛、黏貼式半圓黑色眼、右側螺絲腳的雙色水晶貓眼等款式眾多，請依作法說明選用，或視玩偶大小選擇。

3 假睫毛

裝飾在玩偶眼睛上，作出更可愛的表情。

4 裝飾用釦子、珍珠等

看懂織圖

◇鉤針編織記號

鉤針編織的每一種針法都有固定的代表符號，只要知道織圖上代表的符號意義，並且熟悉針法，無論是帽子、圍巾、各式小物、包包，甚至背心或罩衫，只要有織圖，都能鉤織出來喔！

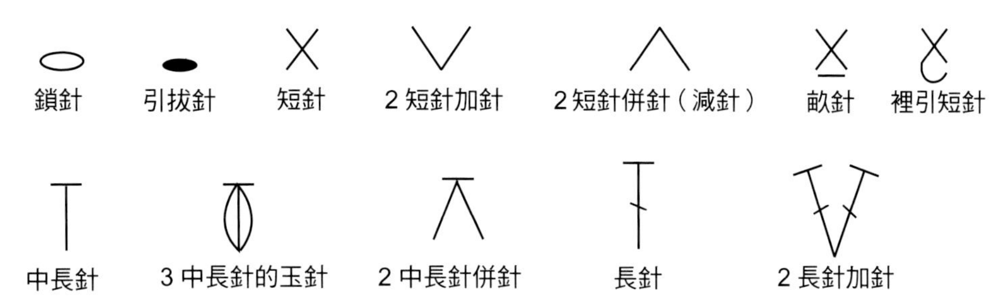

◇輪狀起針的織圖

鉤織口金包本體或動物手腳、耳朵等球狀或圓形織片時，通常都是以輪狀起針開始鉤織。本書的輪狀起針皆為不鉤引拔針的螺旋狀，請見下方說明：

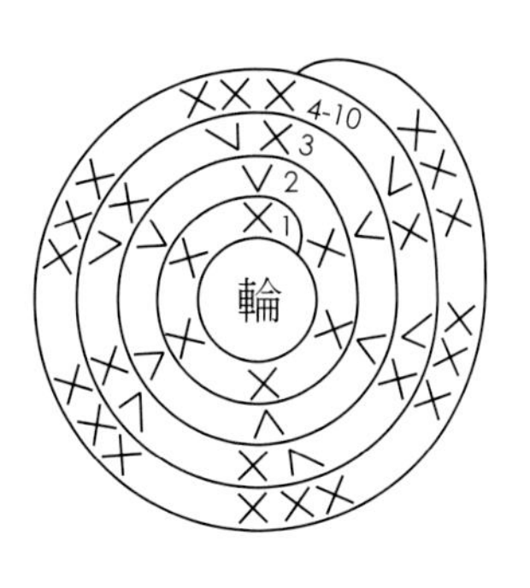

不鉤引拔針的螺旋狀織圖

輪狀起針後，不鉤立起針，直接順著針目挑針鉤織到所需段數，這時鉤織出來的織片就會呈現連續延伸的螺旋狀。

◇鎖針起針的織圖

鉤織長方形、橢圓形等織片時，大多是以鎖針起針作為基底針目。由於鉤織的形式較多，再加上有些立起針不計入針目，初學者容易混淆而算錯針數，因此請務必閱讀以下說明喔！

橢圓形織片

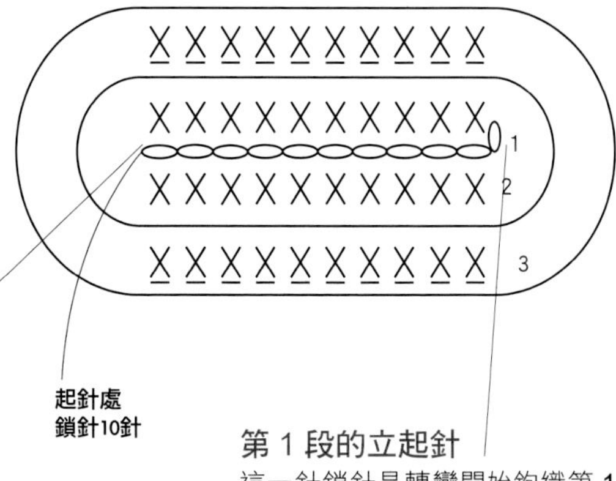

起針處

這裡會有一針不計入針數的鎖針，因為要避免線頭鬆脫而拉緊，所以針目很小，通常織圖上也不會畫出來。下一針鎖針才開始視為第 1 針。

第 1 段的立起針

這一針鎖針是轉彎開始鉤織第 1 段的立起針，所以也不能計入針數。接下來的短針才開始視為第 1 針。

長方形織片

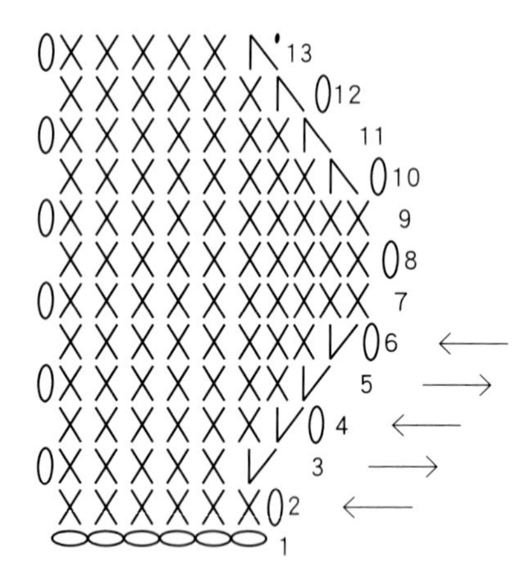

往復編

像這樣立起針一左一右的織圖，就表示這是一正一反來回編織的往復編。鉤完一段之後，在尾端鉤織下一段的立起針，同時將織片翻面再繼續鉤織的織法。

圓形織片

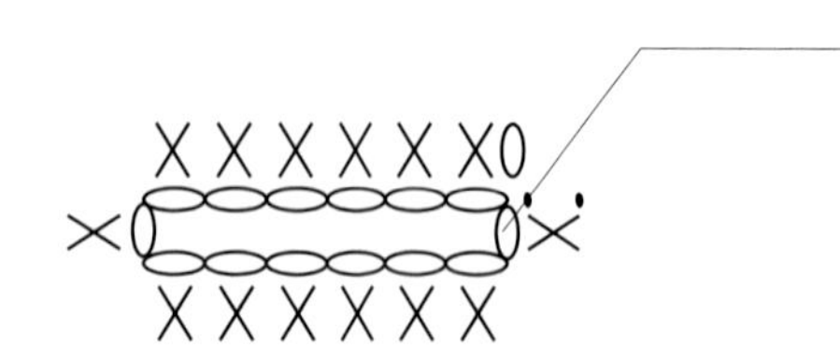

鎖針接合成圈

這是先鉤織一段鎖針，再將頭尾鎖針以引拔針接合成圈，接著才在鎖針上挑針鉤織的作法。

連接每段頭尾的引拔針

在每一段結束時鉤織引拔針，將最後一針與第一針接合成一個完整的一圈，再鉤織下一段的立起針。這時鉤織出來的織片就會呈現一圈一圈的同心圓狀。請注意，織圖上的引拔針通常都畫在鎖針旁邊，但實際上卻是與該段第一針鉤引拔（跳過立起針的鎖針）。而下一段的第 1 針，也是在同樣的第 1 針上挑針。

Lesson 2 鉤針編織基礎技巧

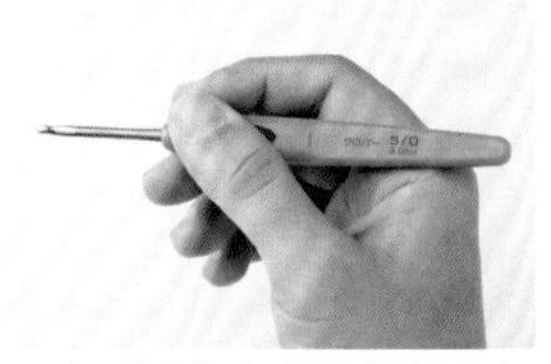
1 右手姆指和食指輕輕拿起鉤針，中指抵住側邊輔助。

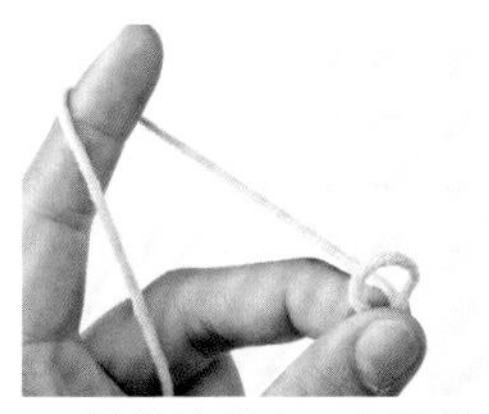
2 將織線繞出一個圈後，捏住交叉處。

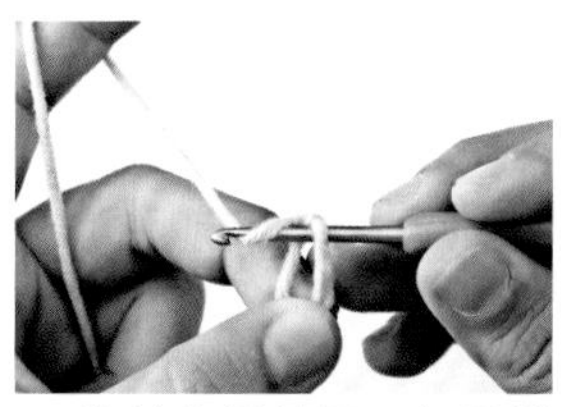
3 鉤針穿過線圈，如圖掛線。

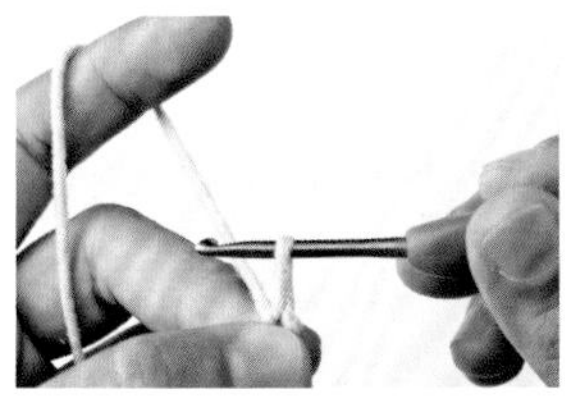
4 將線鉤出後，拉住線頭使步驟 2 的線圈收緊。

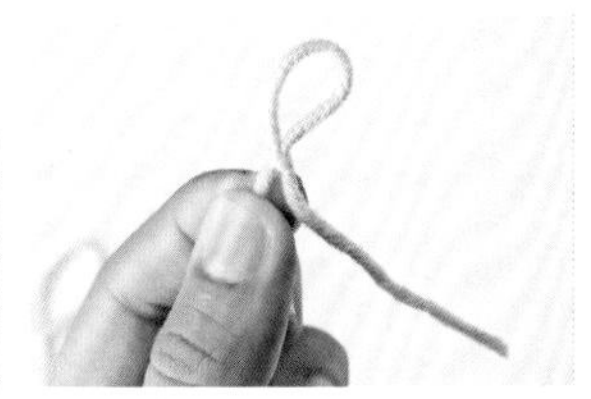
5 完成起針（起針處，這 1 針不算在針數內）。

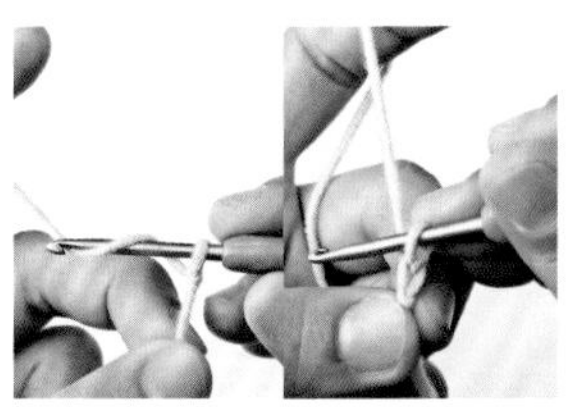
6 接續步驟 4，鉤針掛線，將線鉤出針上線圈，完成 **1** 針鎖針。

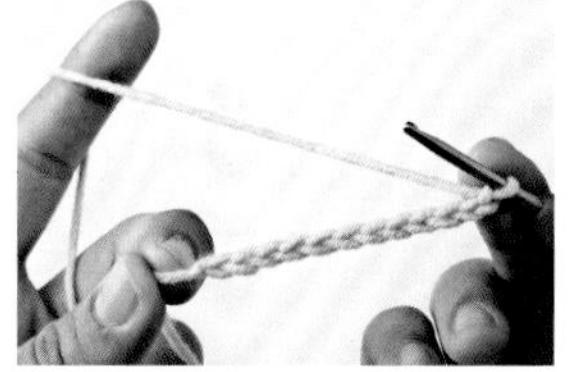
7 重複步驟 6，直到鉤織完所需針數。

第一段為短針的情況

1 線在手指上繞 **2** 圈。

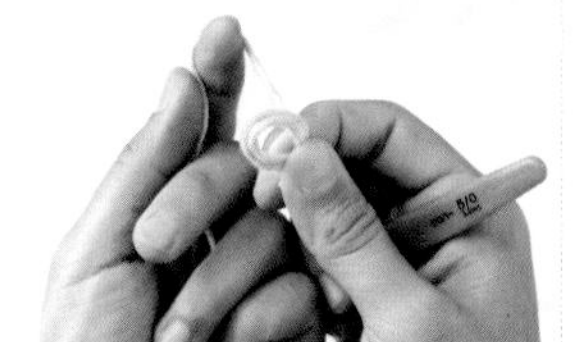
2 以姆指和中指壓住線圈交叉處。

3 鉤針如圖穿過輪，將線鉤出。

鎖針

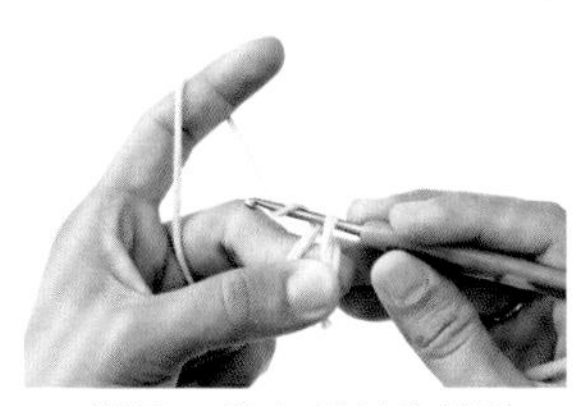
4 織第 **1** 段立起針的鎖針，鉤針如圖掛線後將線鉤出，穿過掛在針上的線圈。

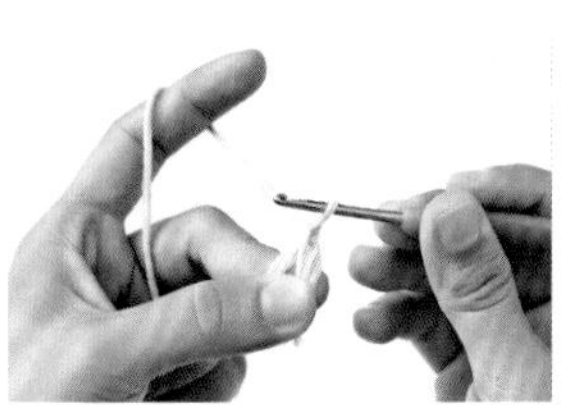
5 完成 1 針鎖針（第 **1** 段短針的立起針，這 1 針不算在針數內）。

短針

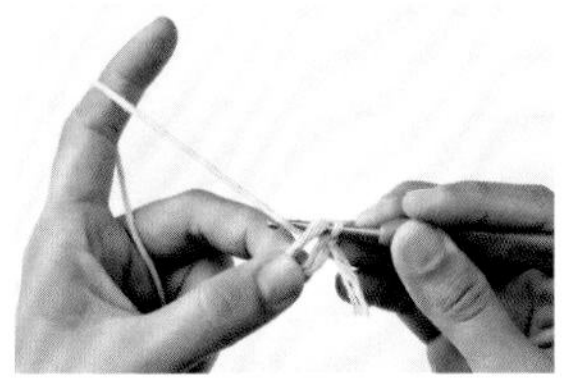
6 在輪中鉤織短針。鉤針穿入輪中，掛線鉤出。此時針上掛著兩個線圈。

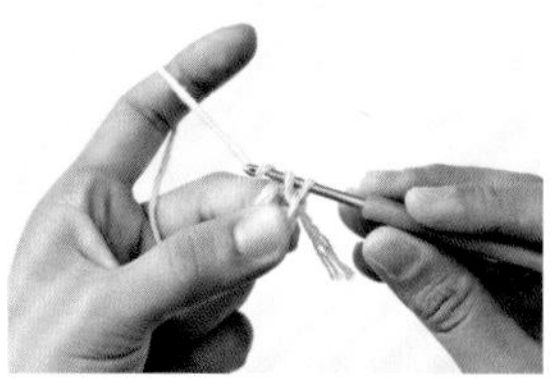
7 鉤針再次穿入輪中掛線鉤出，一次穿過鉤針上的兩線圈。

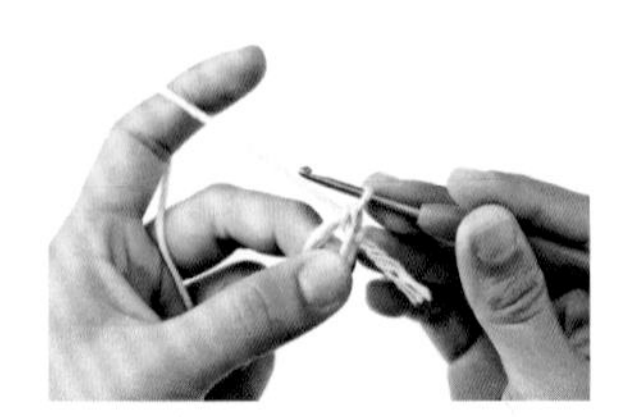

8 完成 1 針短針。

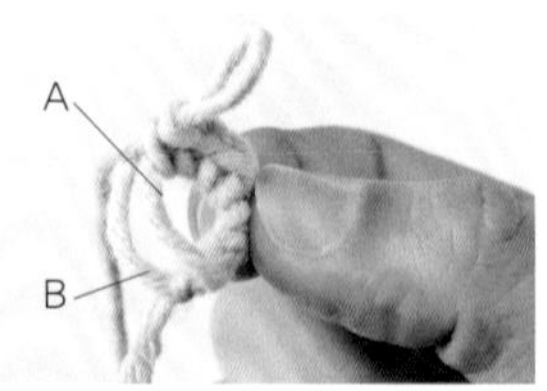

9 重複步驟 6 ～ 7，鉤織必要的短針數。接著拉下方的 B 線，使上方的 A 線收緊。

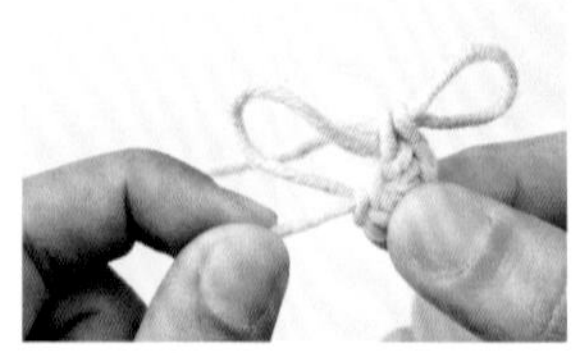

10 再拉線頭收緊 B 線，使短針針目縮小成一個環。

引拔針

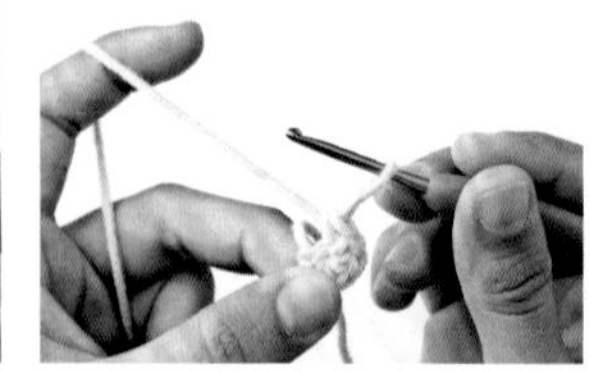

11 鉤針如圖穿過線圈，準備鉤織引拔針完成第 1 段。

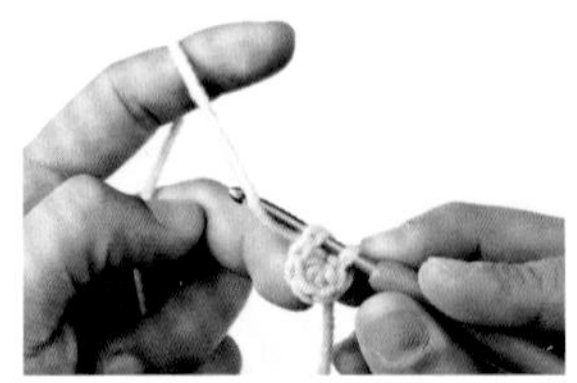

12 鉤針如圖穿入第 1 針短針，掛線鉤出穿過短針與鉤針上的線圈。

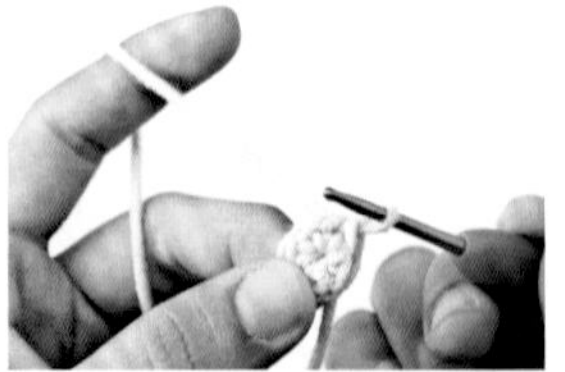

13 完成接合第 1 段頭尾的引拔針。第 1 段鉤織完畢。

中長針

1 參考 P.41 完成鎖針起針的必要針數後，先在鉤針上掛線。

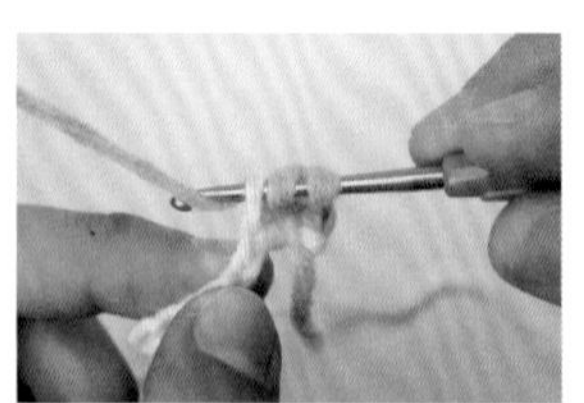

2 鉤針挑鎖針半針，掛線。

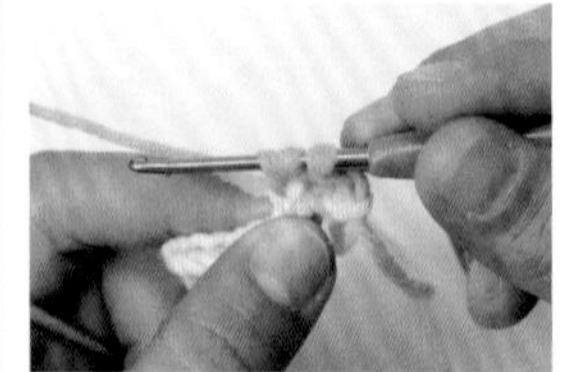

3 鉤出織線，此時針上有 3 個線圈。

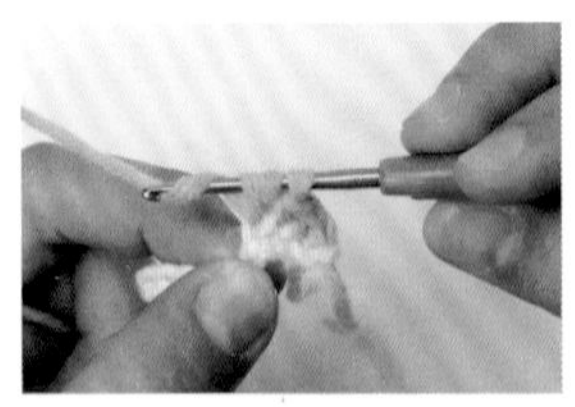

4 鉤針再次掛線鉤出，一次穿過針上 3 線圈。

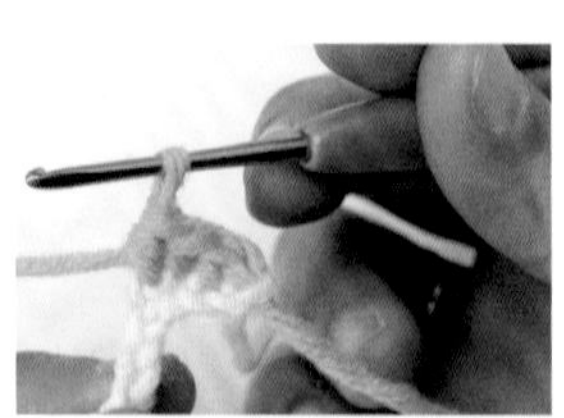

5 完成一針中長針。

中長針的針目高度是 2 鎖針，因此當鉤織段的第一針是中長針時，要先鉤 2 針鎖針作為立起針。立起針算 1 針。

鎖針起針的情況

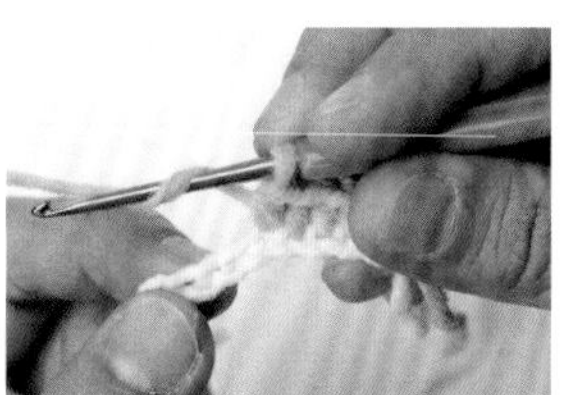

1　先在鉤針上掛線。

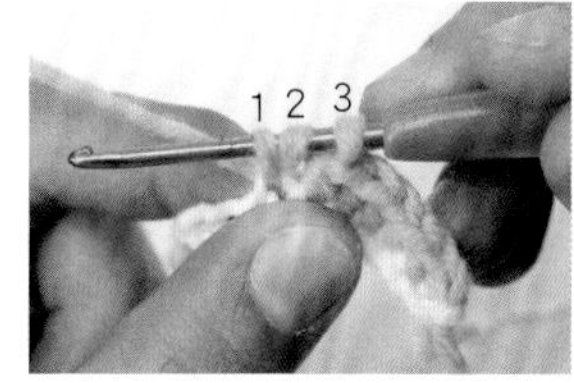

2　鉤針挑鎖針半針，掛線鉤出。此時針上有 3 個線圈。

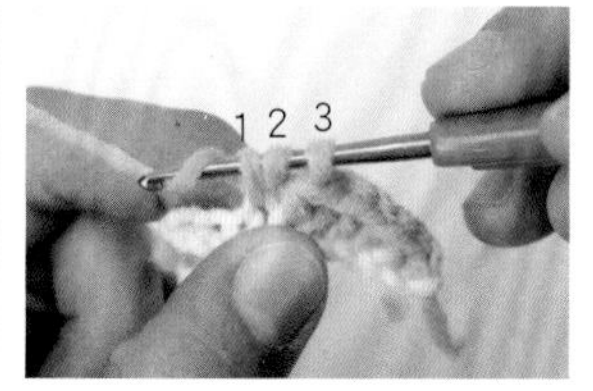

3　鉤針再次掛線，一次穿過圖上 1 與 2 兩線圈。

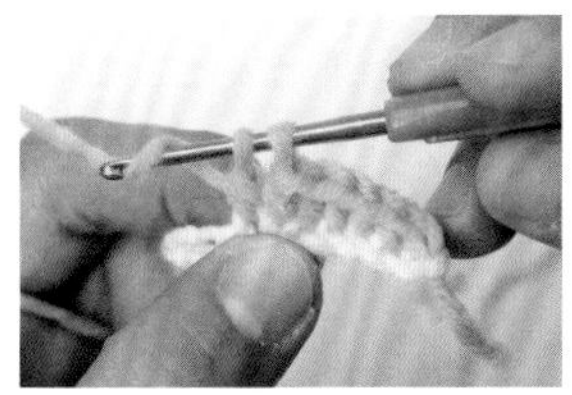

4　鉤針再次掛線，一次穿過針上 2 線圈。

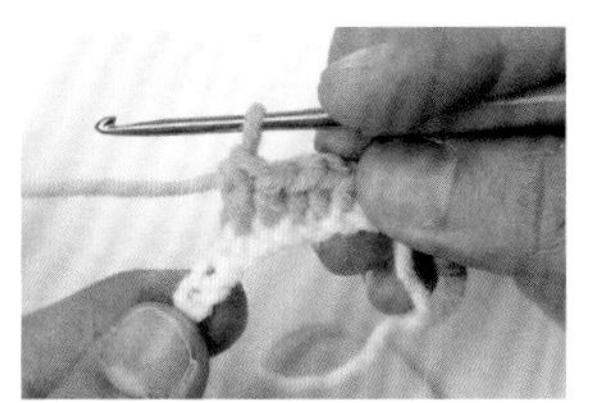

5　完成一針長針

長針的針目高度是 3 鎖針，因此當鉤織段的第一針是長針時，要先鉤 3 針鎖針作為立起針。立起針算 1 針。

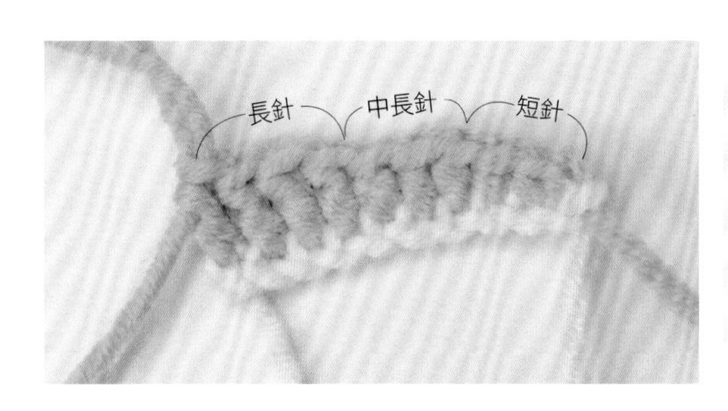

短針．中長針．長針的針目高度

針目高度以鎖針為單位，同時也等於立起針的針數。1 短針高度為 1 鎖針，1 中長針高度為 2 鎖針，1 長針高度為 3 鎖針。除短針的 1 鎖立起針不計入針數外，其他 2 鎖以上的立起針皆算 1 針。

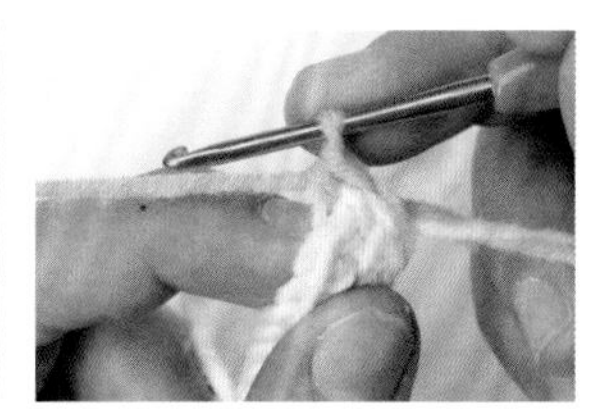

1　畝針的織法同短針，但鉤針只挑前段針目的外側半針（一條線）。

2　鉤針掛線，鉤織短針（參考 P.41 步驟 6、7）。完成 1 針畝針。

3　由於只挑外側半針，因此內側半針會在表面呈現浮凸的線條。

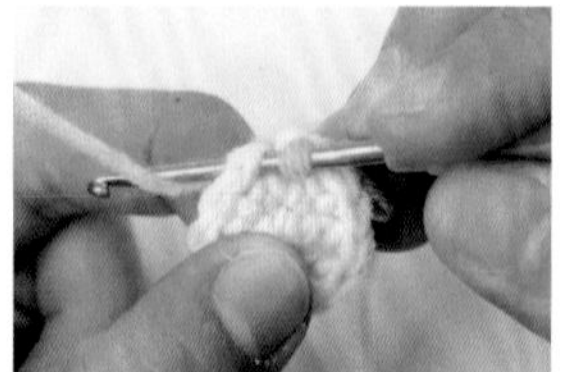

1 鉤針挑前段針目的兩條線，掛線鉤織短針（參考P.41 步驟 6、7）。

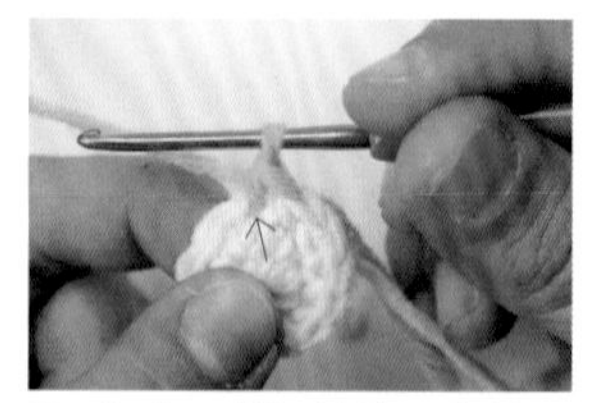

2 完成 1 針短針後，鉤針再次穿入同樣針目，鉤織短針。

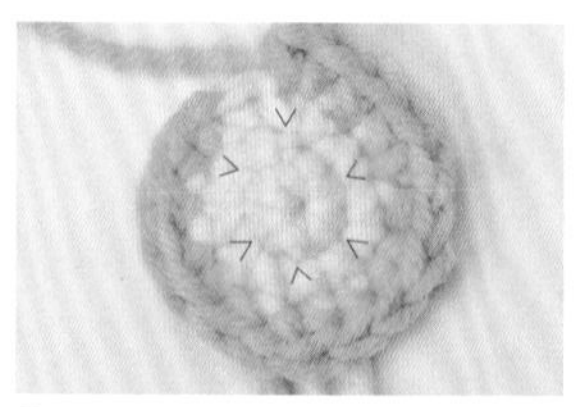

3 以 1 短針 +2 短針加針鉤織，從 12 針擴展至 18 針的織片模樣。

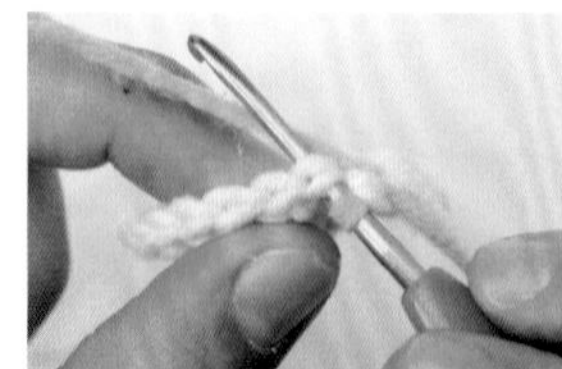

1 鉤針挑前段針目的兩條線。

2 鉤針掛線鉤出。

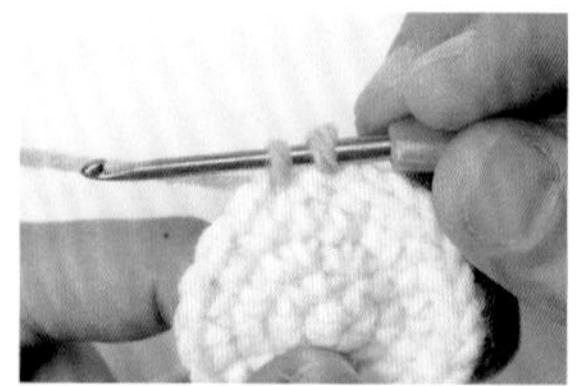

3 鉤好 1 針未完成的短針。

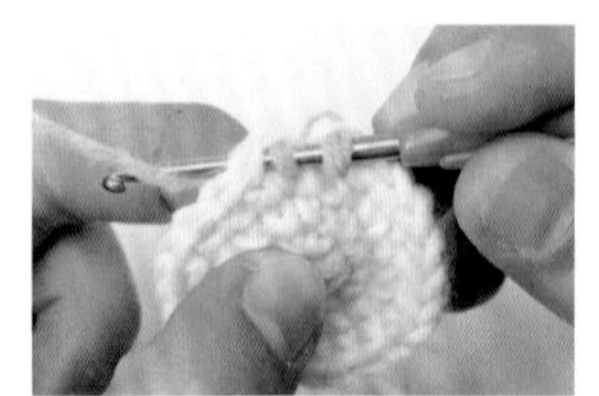

4 鉤針直接挑下 1 個針目，同樣掛線鉤出。

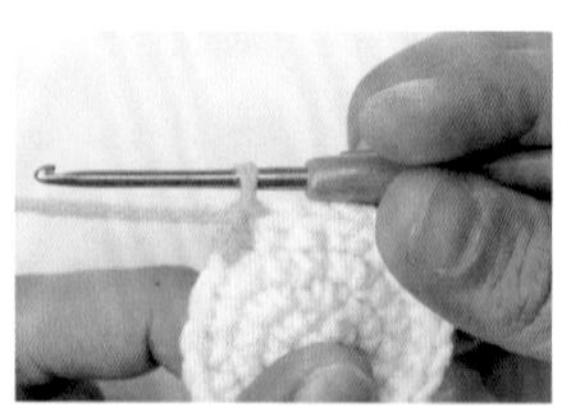

5 此時針上掛著 2 針未完成的短針，與原有的線圈。鉤針掛線，一次引拔穿過針上 3 個線圈。

6 完成一段針目從 24 針減少至 18 針，使織片縮小的模樣。

其他針法的加針＆減針

中長針、長針的加針與減針法，鉤織訣竅與短針的相同。加針就是在同一針目挑針，鉤入兩針或更多的指定針數。減針就是連續挑針，鉤織未完成的針目再一次引拔，收成一針。

※ 未完成的針目：針目再經過一次引拔，即可完成的狀態。

1 圖為 05 春天來了花朵織片，完成至第 2 段的正面。

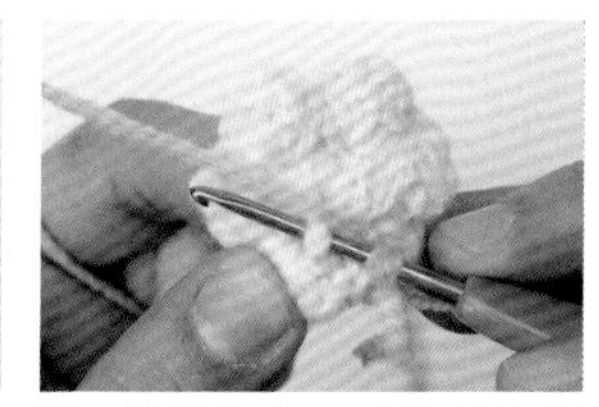

2 第 3 段的裡引短針，要翻至織片背面挑針鉤織。鉤針從背面橫向挑起第 1 段的鎖針。

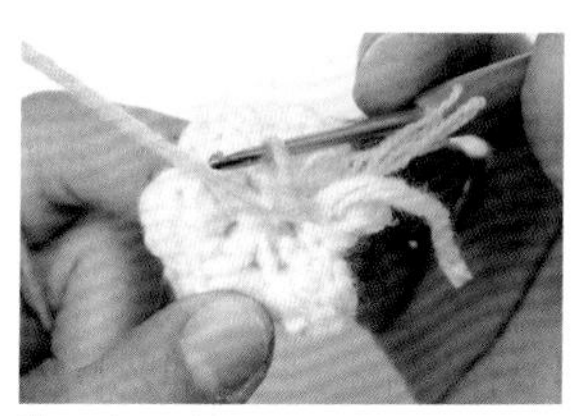

3 鉤針掛線鉤織短針（參考 P.41 步驟 6、7）。完成 1 針裡引短針。

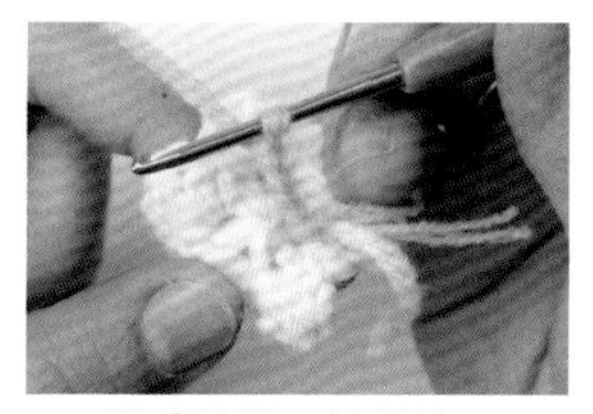

1 繼續鉤織 3 針鎖針。

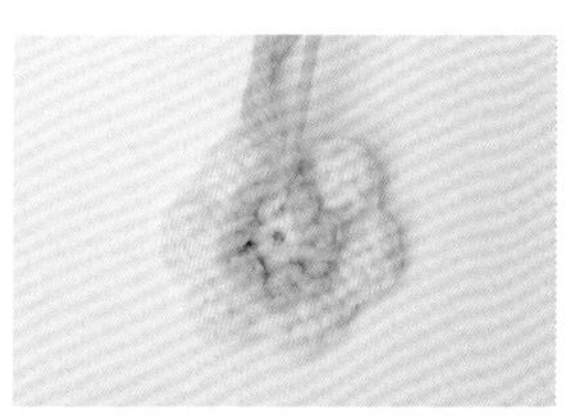

2 重複步驟 2 至 4，完成第 3 段。

接下來的第 4 段，是將織片翻回正面，將花瓣往前壓下，挑鎖針束鉤織。

方形口金本體使用的針法。

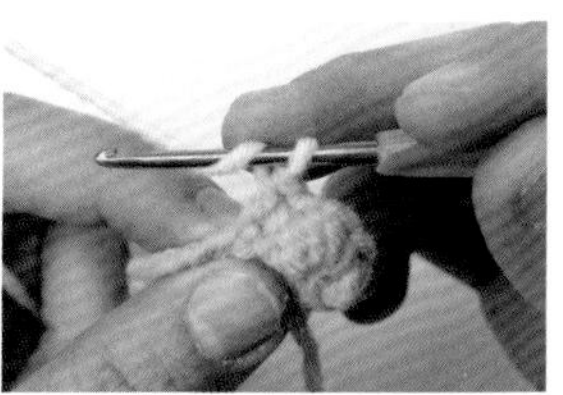

1 鉤針先掛線，準備鉤織。

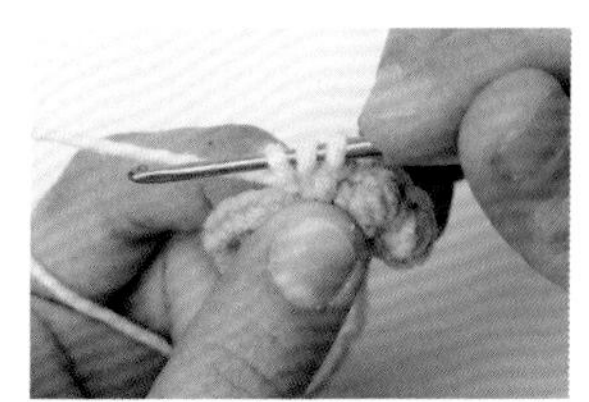

2 鉤針挑針鉤出線，完成 1 針未完成的中長針。

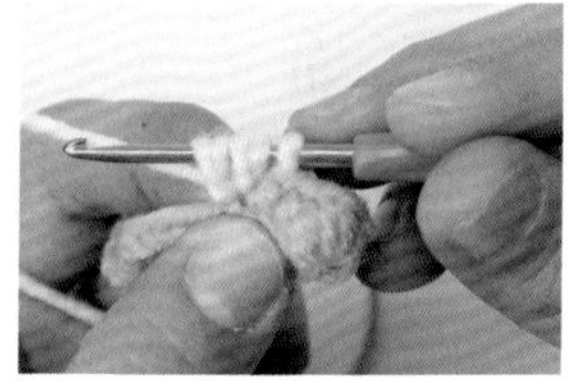

3 鉤針掛線，再次穿入同樣針目鉤出線。

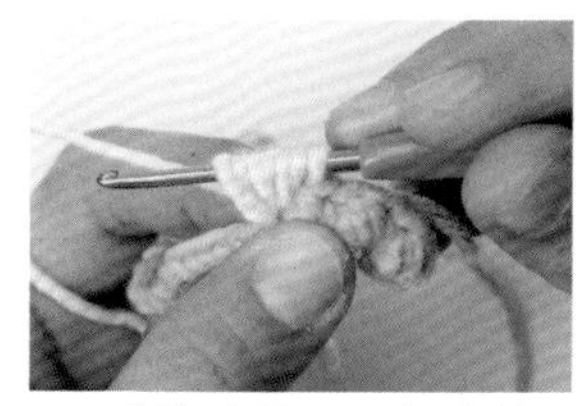

4 重複步驟 3，完成第 3 針未完成的中長針。

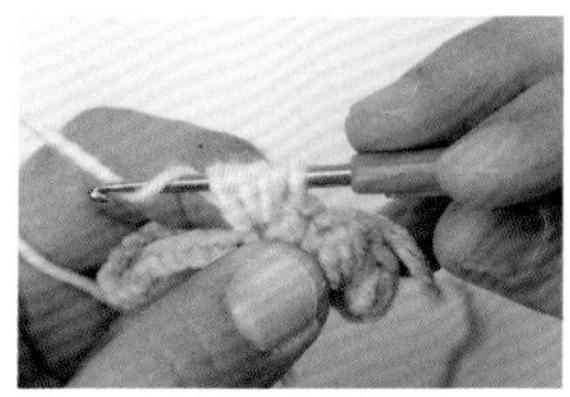

5 鉤針掛線，一次穿過針上所有線圈，引拔 3 針未完成的中長針。

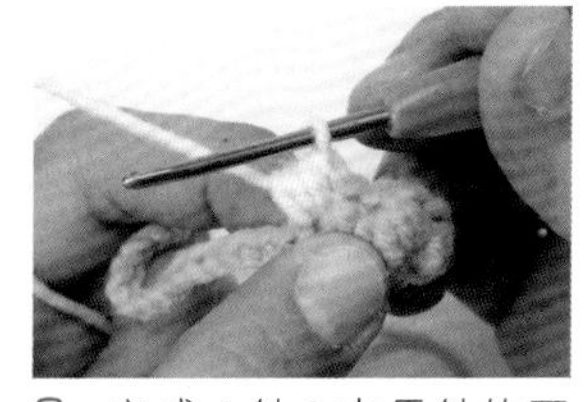

6 完成 1 針 3 中長針的玉針。

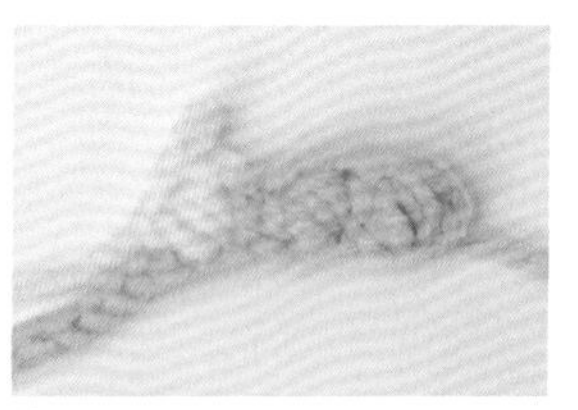

7 1 針短針 +1 針 3 中長針的玉針的模樣。

獅子的 3 鎖針結粒針

結粒針

鉤織 3 或 5 鎖針，再以 1 針引拔針固定，作出裝飾線圈的針法。

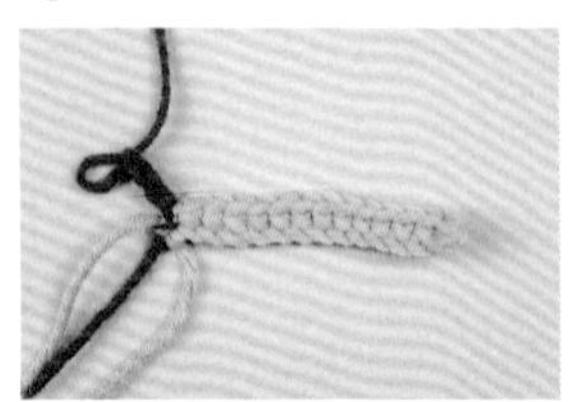

1 鎖針起針，完成第 1 段的短針後翻面，鉤織 3 針鎖針。

2 依織圖在短針上挑針，鉤織引拔針。

3 重複步驟 1．2，在每一針短針上鉤織 3 鎖針的結粒針。

金魚的 5 鎖針結粒針

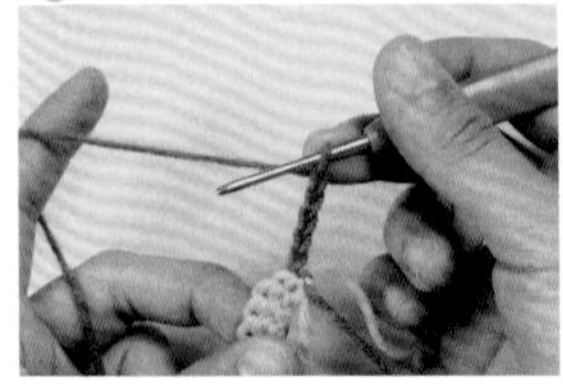

1 鎖針起針，完成第 1 段的短針後翻面，鉤織 5 針鎖針。

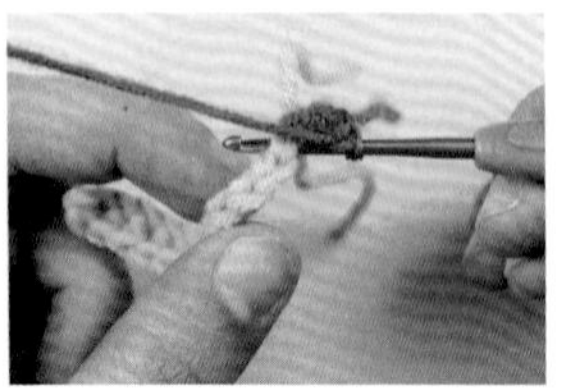

2 依織圖在短針上挑針，鉤織引拔針。

3 重複步驟 1．2，在每一針短針上鉤織 5 鎖針的結粒針。

4 5 鎖結粒針（左）與 3 鎖結粒針（右）的比較。

春天來囉、07 風華絕代與 09 蝶兒飛

挑束

將鉤針穿入前段鎖針下方，在整個線段（束）上鉤織的針法。

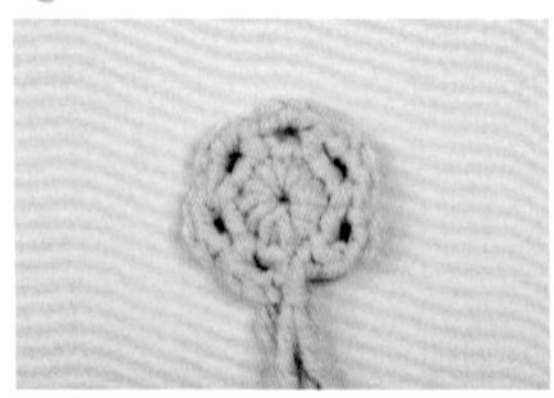

1 在線圈上鉤織 6 組 1 短針加 2 鎖針，完成春天來囉的花朵第一段。

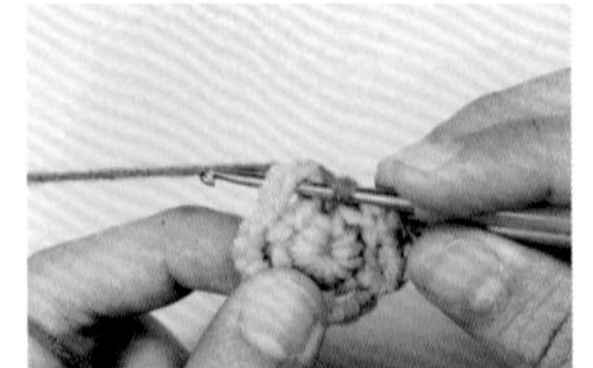

2 換線，在短針上挑針鉤織立起針的鎖針，再將鉤針穿入前段 2 鎖針下方空間（挑束），準備鉤織花瓣針目。

3 依織圖在鎖針束上鉤織花瓣的中長針與長針。

4 完成一片花瓣後，繼續在下一個鎖針束上鉤織。

5 完成第 2 段挑束鉤織的花瓣。

整段換線時，從最後的引拔針開始鉤織。

1 左手改掛替換的色線，線頭以中指壓住，鉤針穿入該段第 1 針掛線，鉤織該段的引拔針。

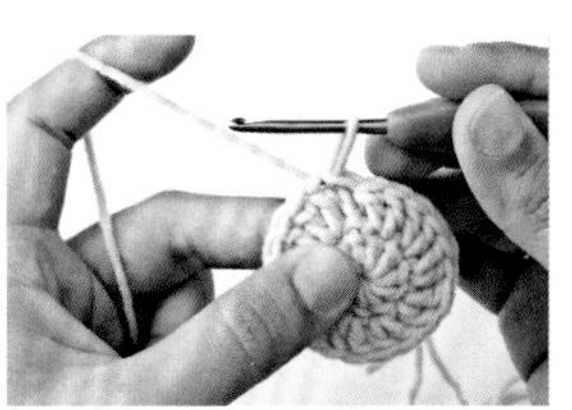

2 完成接合該段頭尾的引拔針。

3 示範織片為長針，因此鉤織作為立起針的三針鎖針。

4 按織圖繼續鉤織，換線完成一段的模樣（正面）。

收線

5 收針時，先將線頭穿入線圈後拉緊。

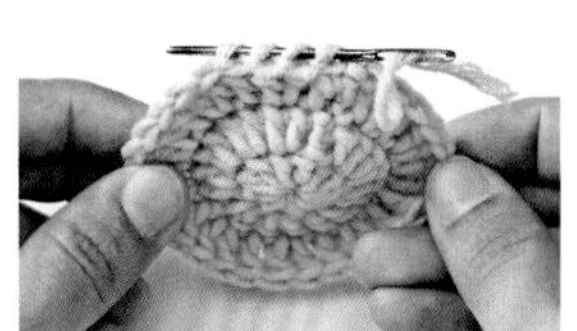

6 接著將線穿入毛線針，如圖示在邊緣內側挑針藏線，最後將多餘線段剪掉即可。

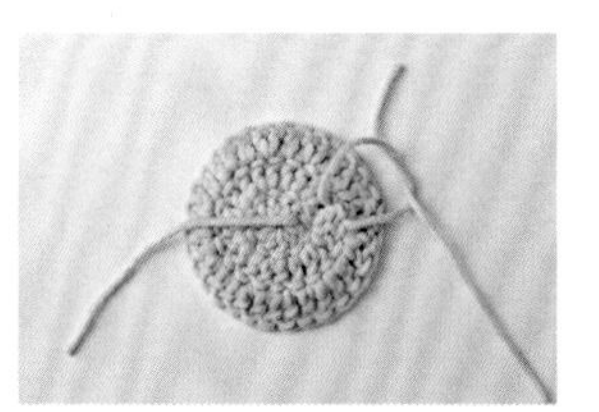

7 換線處則是先將兩色線頭打結。

8 同步驟 6 的技巧，在背面挑針，藏起兩線頭後剪線。

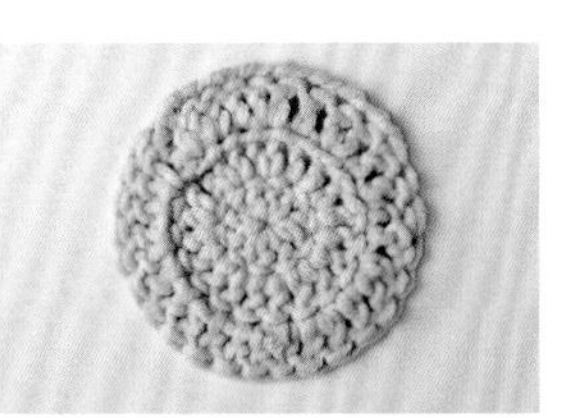

9 收線完成的模樣（背面）。

口金縫合方向與針法

如下圖標示順序，從中央往一側進行平針縫，同樣再以平針縫往回縫合，確實固定。

口金框縫合順序

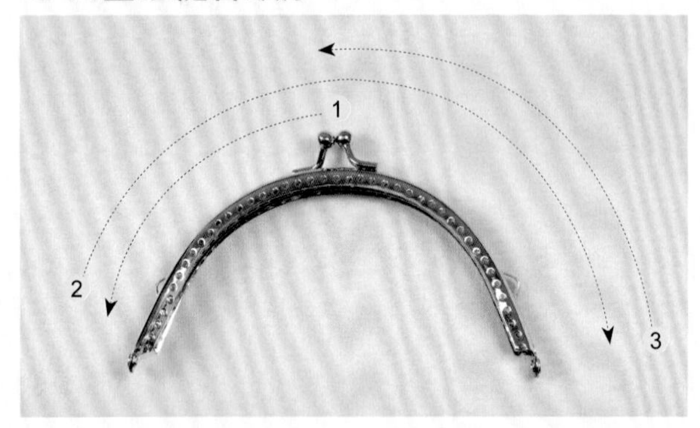

平針縫

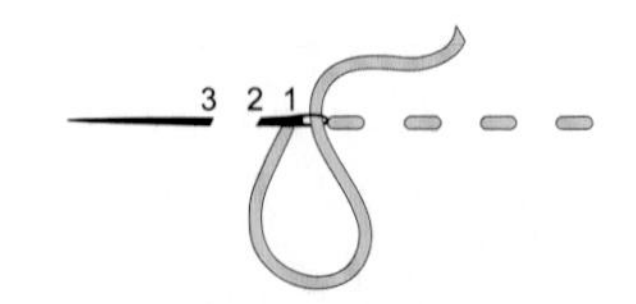

平針縫：1 出→ 2 入→ 3 出。

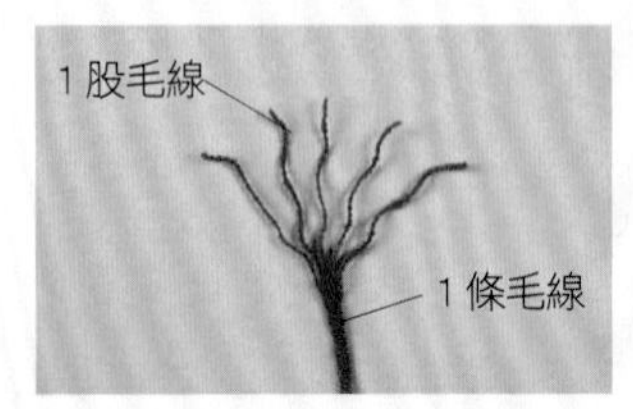

1 縫口金的線，是將毛線拆開，取其中二股作為縫線，穿入縫衣針。

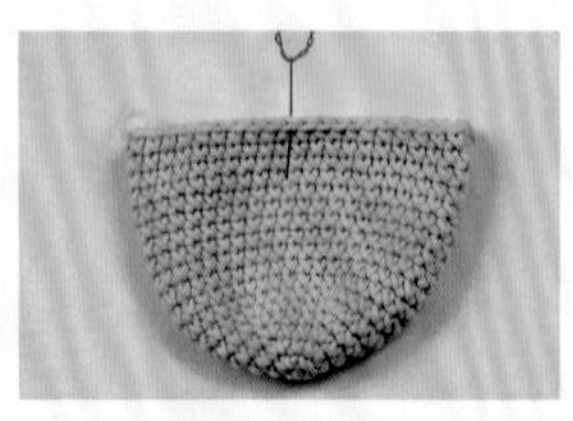

2 縫線一端打始縫結。找出口金本體的正中央，如圖入針、出針。

3 縫針由口金中央內側入針，穿出。

4 拉線收緊，將本體塞入口金內，以便接下來的縫合。

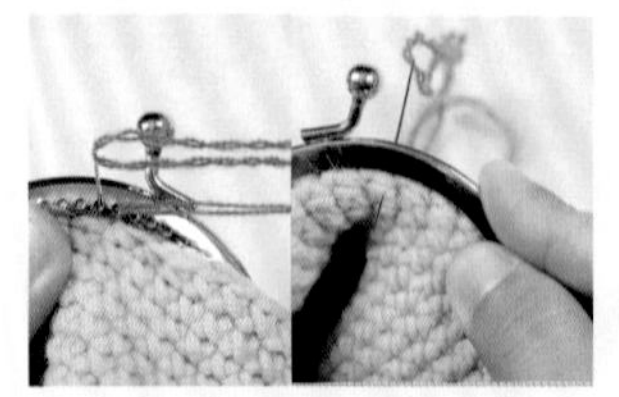

5 入針時要稍往下，確實地穿過鉤織本體。

6 依 1 出 2 入、3 出 4 入的順序，以平針縫進行縫合。

7 完成 ❶ 的縫合。

8 接著同樣以平針縫往中央回縫，補滿針距。

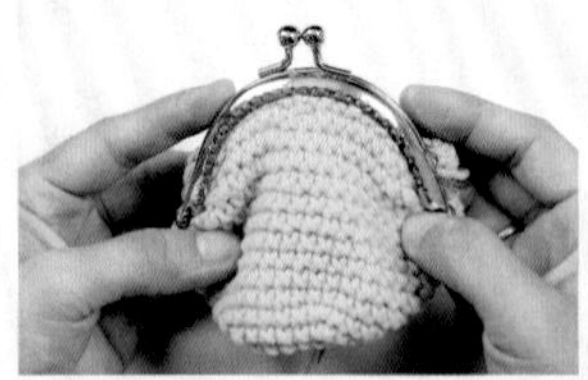

9 繼續往另一端縫合，完成 ❷。

10 再次往中央回縫，打止縫結，完成 ❸。一側口金縫合完成。

11 重複步驟 1 至 10，縫合另一側的口金。口金包縫合完成！

Part 03

女孩來鉤口金包

How to Make

線材 娃娃紗淺粉色（25）．淺綠色（29）

鉤針 3/0 號

配件 8.5 公分半圓口金．5mm 珍珠數顆

1 輪狀起針，依織圖鉤織口金包本體，完成後取兩股淺綠色娃娃紗，縫合本體與口金。

2 鉤織八片葉子縫於兩面口金下方，在適當位置加上珍珠裝飾。

本體1個（淺粉色25）

段	針數	加減針
27	15	不增減
26	15	－2針
25	17	不增減
24	17	－2針
23	19	不增減
22	19	－2針
21	21	不增減
20	21	不增減 ※此段開始 分兩側 以往復編鉤織
17～19	42	不增減
16	42	+6針
15	36	不增減
14	36	+6針
12～13	30	不增減
11	30	+6針
8～10	24	不增減
7	24	+6針
6	18	不增減
5	18	+6針
3～4	12	不增減
2	12	+6針
1	6	在輪中鉤織 6針短針

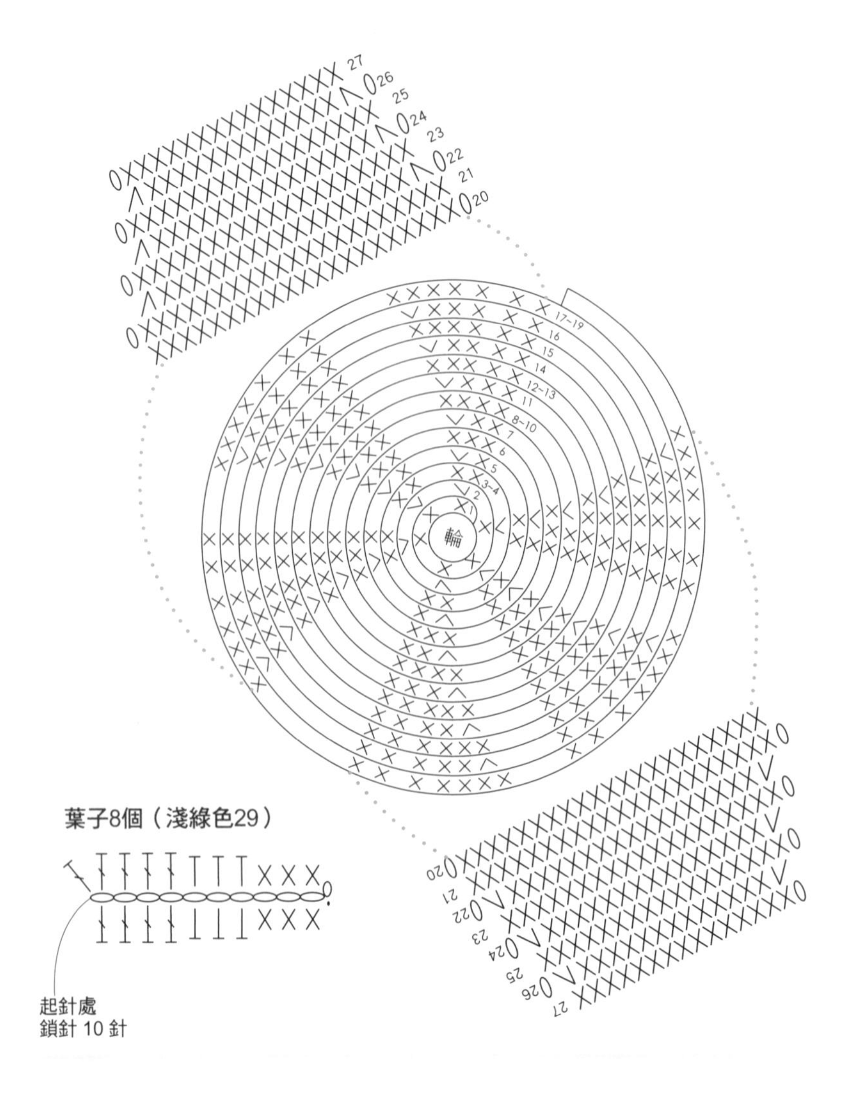

02 繽紛草莓

作品圖 ✲ P.10

尺寸：高 10cm 寬 8.5cm　難易度：★★★☆☆

線材 娃娃紗桃紅色（05）．綠色（06）

鉤針 3/0 號

配件 8.5 公分半圓口金．5mm 珍珠數顆

1 輪狀起針，依織圖鉤織口金包本體，完成後取兩股綠色娃娃紗，縫合本體與口金。

2 鉤織八片葉子縫於兩面口金下方，在適當位置加上珍珠裝飾。

本體1個（桃紅色05）

段	針數	加減針
25	15	不增減
24	15	−2針
23	17	不增減
22	17	−2針
21	19	不增減
20	19	−2針
19	21	不增減
18	21	不增減 ※此段開始分兩側以往復編鉤織
11～17	42	不增減
10	42	+6針
9	36	不增減
8	36	+6針
7	30	不增減
6	30	+6針
5	24	不增減
4	24	+6針
3	18	+6針
2	12	+6針
1	6	在輪中鉤織6針短針

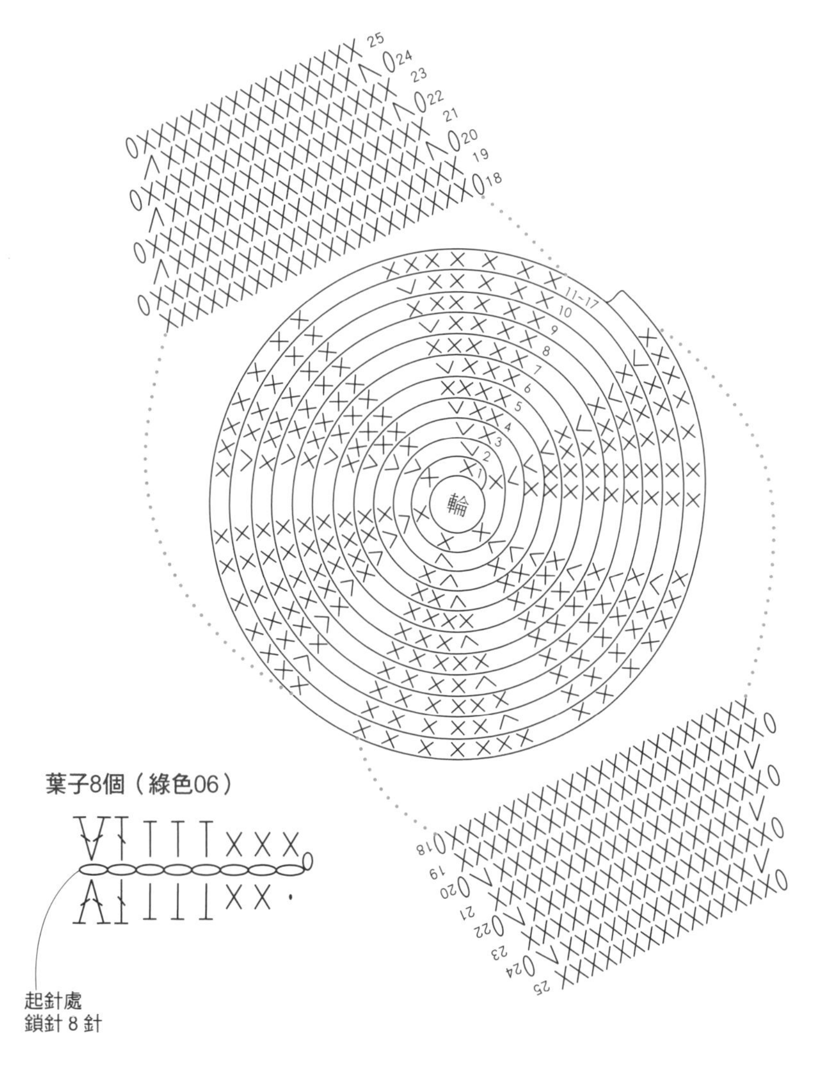

葉子8個（綠色06）

起針處
鎖針 8 針

03 蘑菇

作品圖 ✲P.11

尺寸：高 9.5cm 寬 8.5cm　難易度：★★☆☆☆

線材 娃娃紗橘色（04）・淺綠色（29）・紅色（18）米白色（13）

鉤針 3/0 號

配件 8.5 公分半圓口金

1 鎖針起針，依織圖鉤織口金包本體，完成後取兩股同色娃娃紗，縫合本體與口金。

2 鉤織磨菇梗，塞入棉花後縫於口金包袋底中央，再製作點點數個，固定於適當位置。

本體1個（紅色18・淺綠色29・橘色04）

段	針數	加減針
18	12	－1針
17	13	－1針
16	14	－1針
15	15	－1針
14	16	－1針
13	17	－1針
12	18	－1針
11	19	－1針
10	20	－1針
9	21	不增減 ※此段開始分兩側以往復編鉤織
6～8	42	不增減
5	42	不增減 畝針
4	42	+4針
3	38	+8針
2	30	在鎖針上挑短針30針
1	14	鎖針起針14針

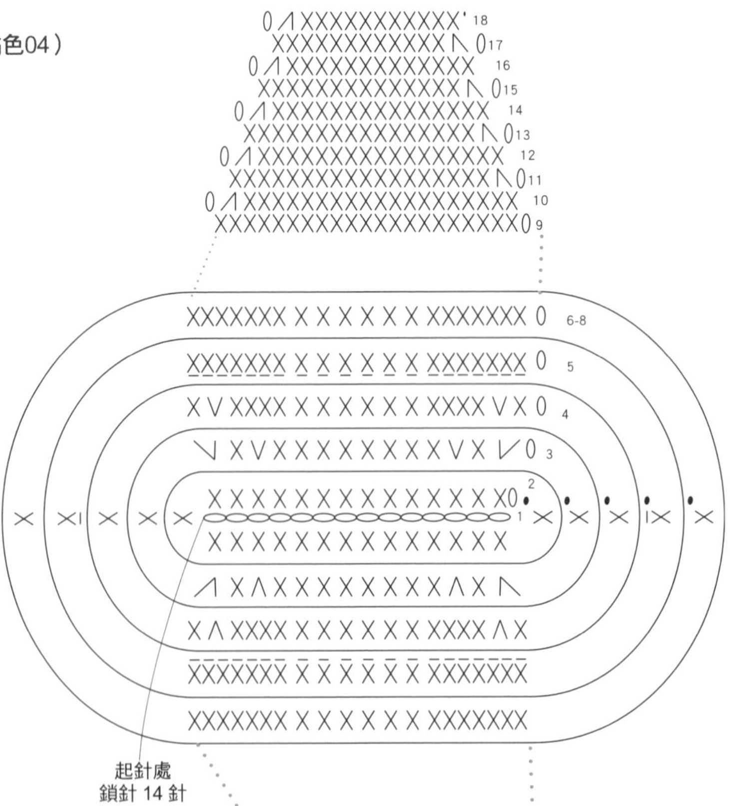

磨菇梗（米白色13）

段	針數	加減針
4～10	18	不增減
3	18	+6針
2	12	+6針
1	6	在輪中鉤織6針短針

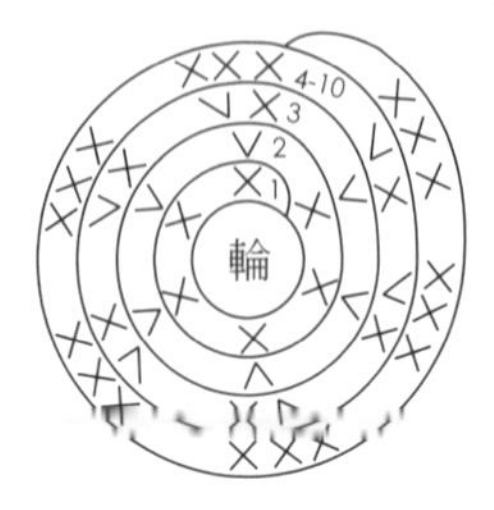

點點（米白色13）

段	針數	加減針
1	6	在輪中鉤織6針短針

04 鳳梨

作品圖 ✡P.12

尺寸：高 9.5cm 寬 9cm　難易度：★★★☆☆

線材 貝碧嘉黃色（2204）．綠色（2225）．橘色（2205）

鉤針 5/0 號

配件 8.5 公分半圓口金．8mm 彩珠數顆

1 鎖針起針，依織圖鉤織口金包本體，完成後取兩股貝碧嘉黃色線，縫合本體與口金。

2 鉤織兩片葉子，縫合於兩面的口金下緣。

3 橘色線沾上些微保麗龍膠，拉出格線，並於適當位置縫上彩珠。

本體1個（黃色2204）

段	針數	加減針
23	10	－1針
22	11	－1針
21	12	－1針
20	13	－1針
19	14	－1針
18	15	不增減 ※此段開始分兩側以往復編鉤織
7～17	30	不增減
6	30	不增減 畝針
5	30	＋6針
4	24	＋4針
3	18	＋4針
2	14	在鎖針上挑短針14針
1	6	鎖針起針6針

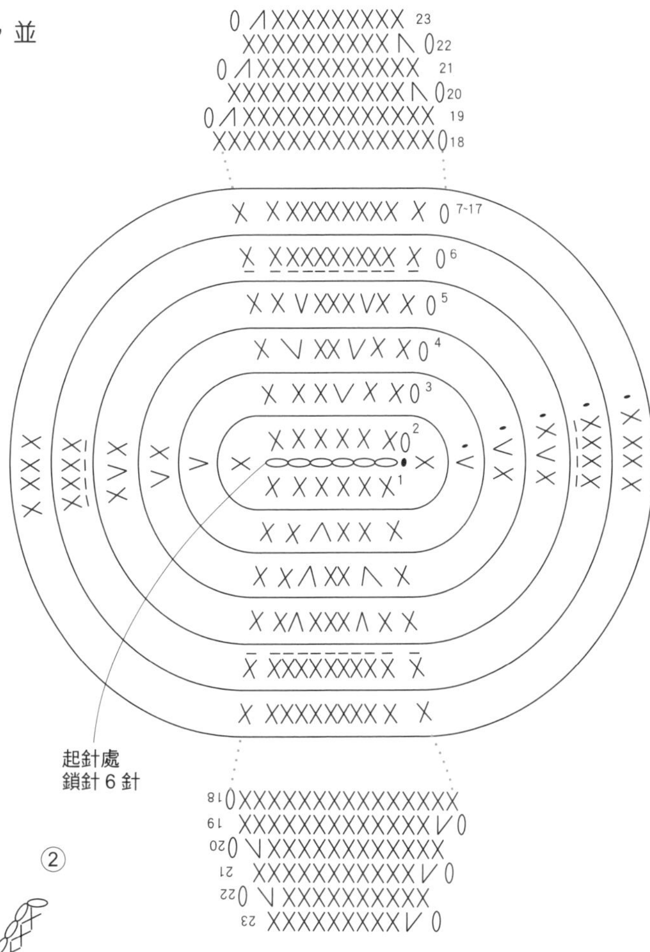

葉子2片（綠色2225）

鎖針起針7針，鉤1鎖針作為立起針後，在鎖針上鉤織7針短針，再鉤1針引拔針固定。接著以相同方式，按織圖繼續鉤織完成。

05春天來囉！

作品圖 ✡P.13

尺寸：高 9.5cm 寬 9cm　難易度：★★★☆☆

線材 貝碧嘉粉紫色（2231）・桃紅色（2233）
粉紅色（2230）・米白色（2202）

鉤針 5/0 號

配件 8.5 公分半圓口金・16mm 半圓形珍珠一顆

1 輪狀起針，依織圖鉤織口金包本體，完成後取兩股貝碧嘉同色線，縫合本體與口金。

2 鉤織大花一朵，在花朵中央黏貼半圓形珍珠，再將花朵固定於口金包上。

本體1個（A粉紫色2231・B桃紅色2233）

段	針數	加減針
8～18	42	不增減
7	42	+6針
6	36	+6針
5	30	+6針
4	24	+6針
3	18	+6針
2	12	+6針
1	6	在輪中鉤織6針短針

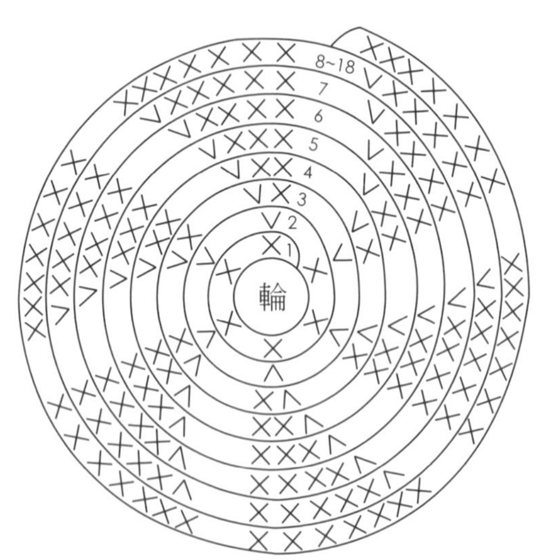

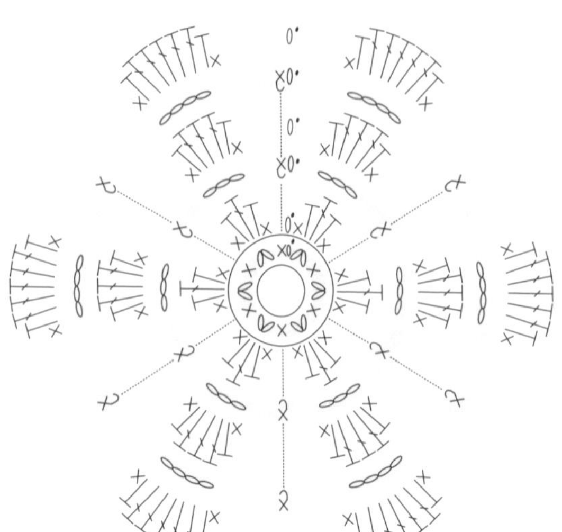

花朵 1 個

段	A配色	B配色
3	桃紅色2233	米白色2202
2	粉紅色2230	粉紅色2230
1	米白色2202	粉紫色2231

方形口金本體【通用】

典雅小花（黃綠色2207）
風華絕代（米白色2202）

段	針數	加減針
16.17	40	不增減 短針
7.9.11 13.15	40	不增減 先玉針再短針
6.8.10 12.14	40	不增減 先短針再玉針
5	40	+4針
4	36	+4針
3	32	+8針
2	24	在鎖針上 挑短針24針
1	8	鎖針起針8針

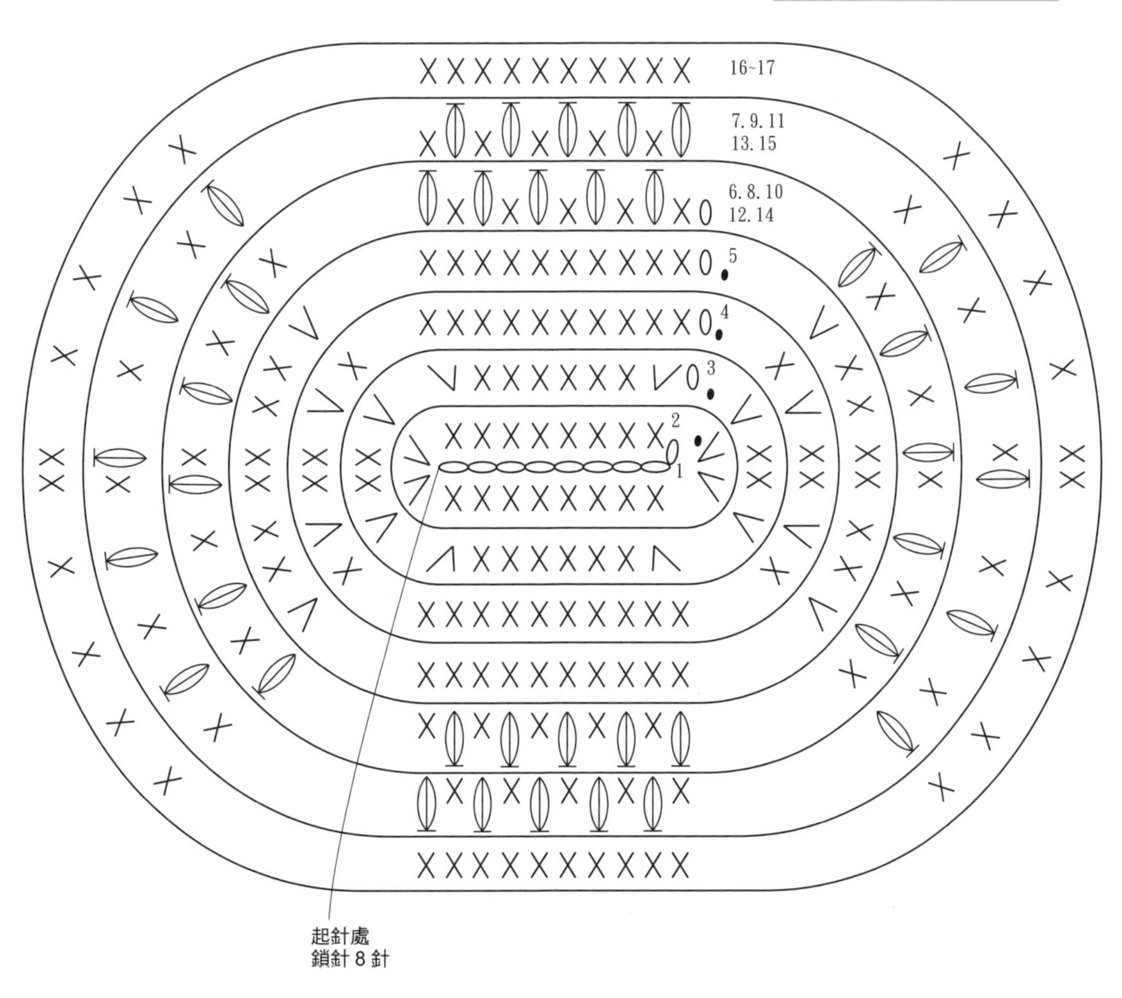

06 典雅小花

作品圖 ✲P.14

尺寸：高 8cm 寬 10cm　難易度：★★★★☆

線材 貝碧嘉黃綠色（2207），娃娃紗鵝黃色（27）

鉤針 5/0 號．3/0 號

配件 8.5 公分方形口金．14mm 包釦一顆

1 鎖針起針，依織圖鉤織口金包本體，完成後取兩股貝碧嘉黃綠色線，縫合本體與口金。

2 鉤織五片花瓣，縫合成花型後，在中間黏貼包釦作為花蕊。隨個人喜好裝飾於口金包上。

方形口金本體1個（黃綠色2207）

織圖見P.55

花瓣5個（鵝黃色27）

段	針數	加減針
4～7	12	不增減
3	12	+4針
2	8	+4針
1	4	在輪中鉤織4針短針

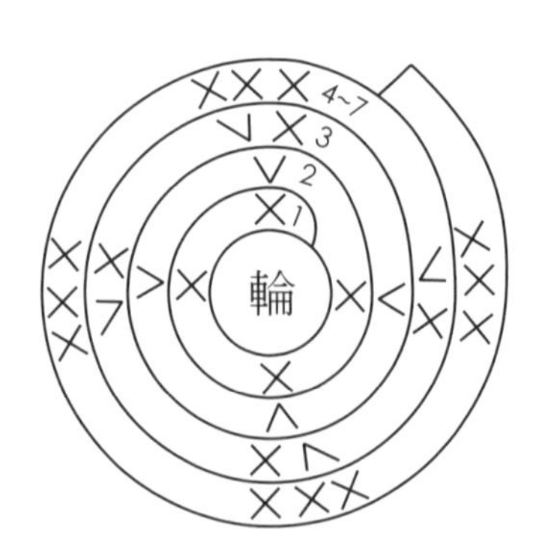

07 風華絕代

作品圖 ✡P.14

尺寸：高 8cm 寬 10cm　難易度：★★★★☆

線材 貝碧嘉米白色（2202）．紅色（2214）

鉤針 5/0 號

配件 8.5 公分方形口金．16mm 半圓形珍珠一顆

1 鎖針起針，依織圖鉤織口金包本體，完成後取兩股貝碧嘉米白色線，縫合本體與口金。

2 依織圖鉤織花朵，在中間黏貼半圓珍珠作為花蕊後，縫於口金包中央。

方形口金本體1個（米白色2202）

織圖見P.55

花朵1個（紅色2214）

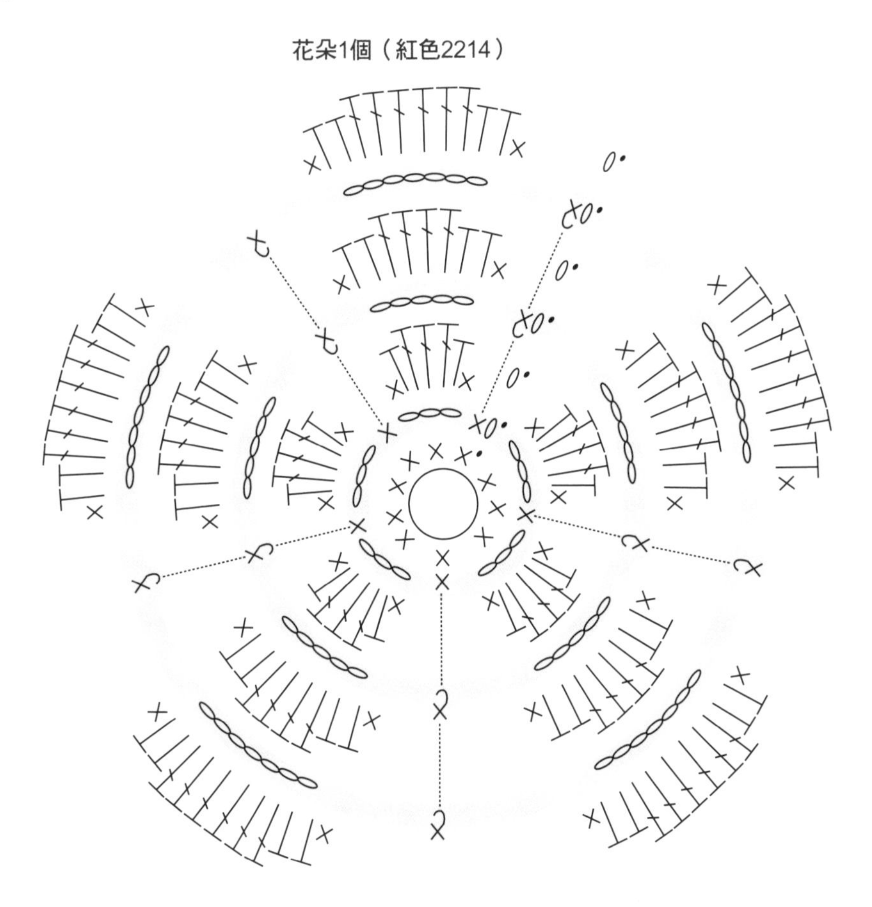

紙繩包本體【通用】

花開富貴（黃色02）
蝶兒飛（古銅金10）

段	針數	加減針
蝶兒飛 10～21 花開富貴 10～18	54	不增減
9	54	+6針
8	48	+6針
7	42	+6針
6	36	+6針
5	30	+6針
4	24	+6針
3	18	+6針
2	12	+6針
1	6	在輪中鉤織6針短針

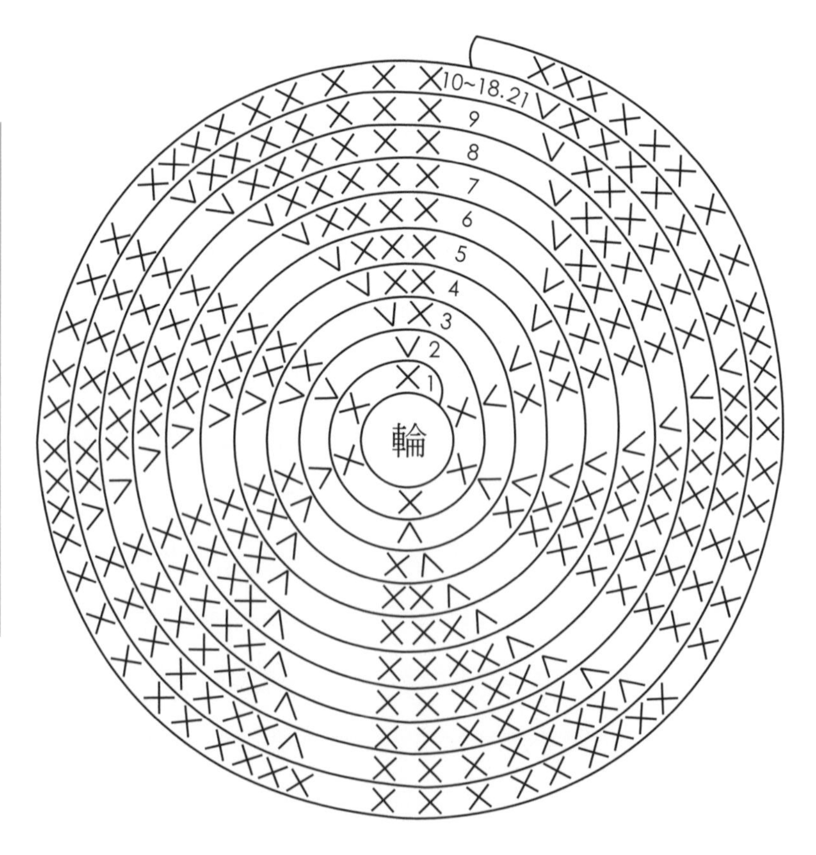

08花開富貴

📖 作品圖 ✲P.15

尺寸：高 9cm 寬 13.5cm　難易度：★★★☆☆

線材 銀絲草黃色（02）·古銅金（10），貝碧嘉黃色（2204）少許

鉤針 6/0 號

配件 12.5 公分半圓口金

1 輪狀起針，依織圖鉤織口金包本體，完成後取兩股貝碧嘉黃色線，縫合本體與口金。

2 鉤織裝飾花朵，縫於適當位置。

紙繩包本體1個（黃色02）

織圖見P.58

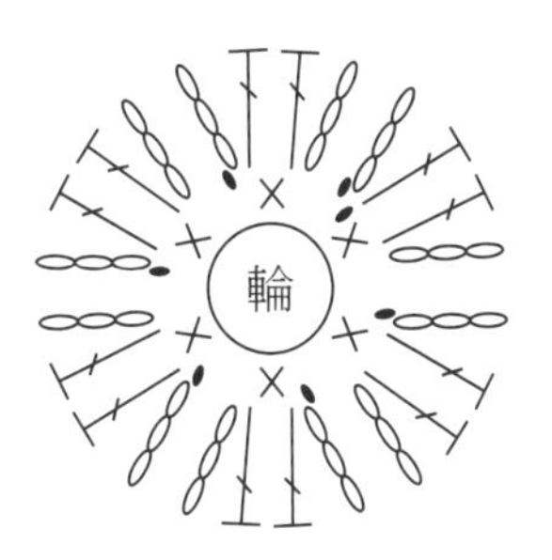

09蝶兒飛

📖 作品圖 ✲P.15

尺寸：高 10cm 寬 13.5cm　難易度：★★★☆☆

線材 銀絲草古銅金（10）·黃色（02），貝碧嘉黃色（2204）少許

鉤針 6/0 號

配件 12.5 公分半圓口金

1 輪狀起針，依織圖鉤織口金包本體，完成後取兩股貝碧嘉黃色線，縫合本體與口金。

2 鉤織裝飾蝴蝶，縫於適當位置。

紙繩包本體1個（古銅金10）

織圖見P.58

蝴蝶1個（黃色02）

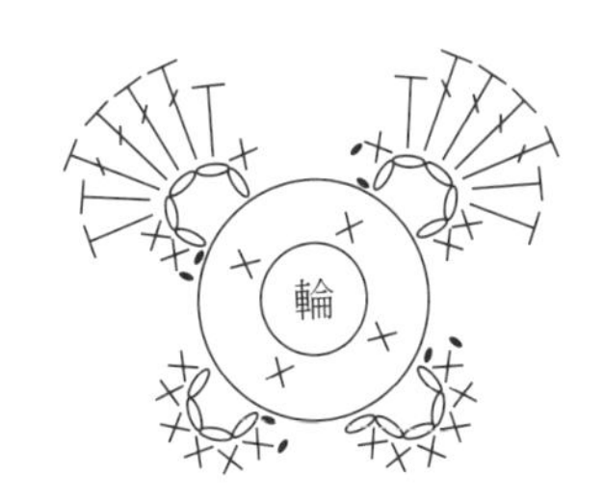

動物本體A 【通用】

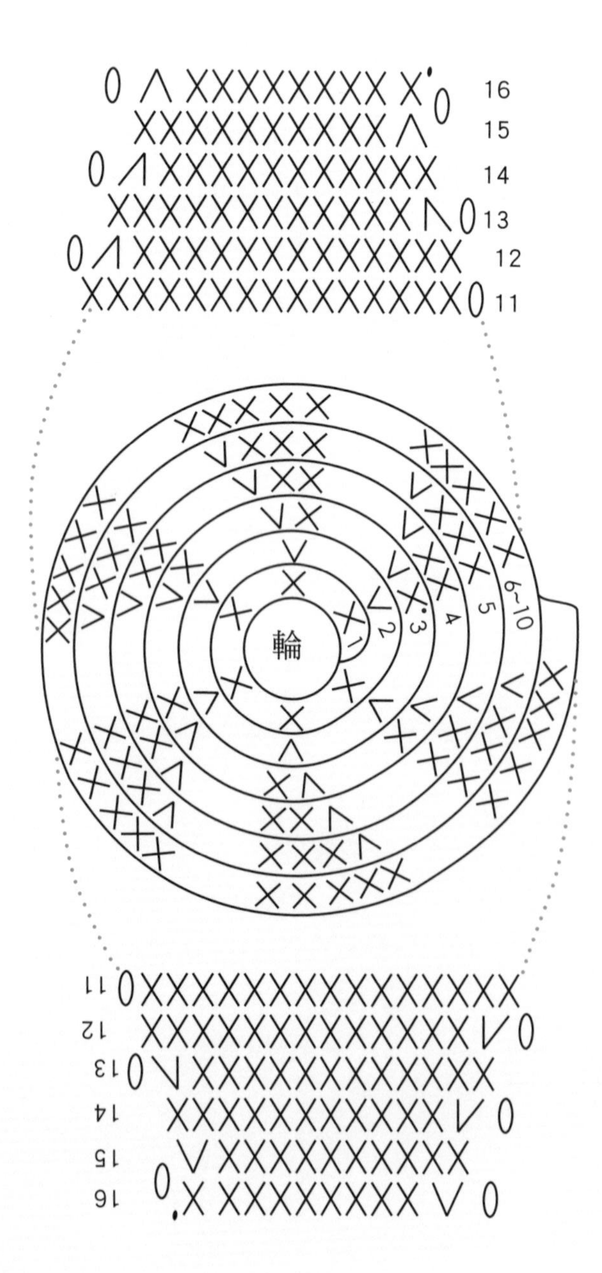

阿姑金幾咧～厚嘴鴨（黃色2204）
小小貓熊（白色2201）
青蛙呱呱呱（綠色2225）

段	針數	加減針
16	10	－1針
15	11	－1針
14	12	－1針
13	13	－1針
12	14	－1針
11	15	不增減 ※此段開始 分兩側 以往復編鉤織
6～10	30	不增減
5	30	＋6針
4	24	＋6針
3	18	＋6針
2	12	＋6針
1	6	在輪中鉤織 6針短針

10 阿姑金幾咧～厚嘴鴨

作品圖 ✲P.16

高 9cm 寬 9cm　難易度：★★☆☆☆

線材 貝碧嘉黃色（2204）．橘色（2205）

鉤針 5/0 號

配件 8.5 公分半圓口金．10mm 眼珠一對．假睫毛兩小段．棉花少許

1 輪狀起針，依織圖鉤織口金包本體，完成後取兩股貝碧嘉黃色線，縫合本體與口金。

2 製作厚嘴唇兩片，塞入棉花後，縫合於口金包上（左右兩端需向內壓扁縫合）。

3 依序黏貼睫毛及眼珠，並以腮紅輕拍兩頰。

動物本體A 1個（黃色2204）

織圖見P.60

嘴唇2片（橘色2205）

段	針數	加減針
3	20	不增減 畝針
2	20	在鎖針上 挑短針20針
1	10	鎖針起針10針

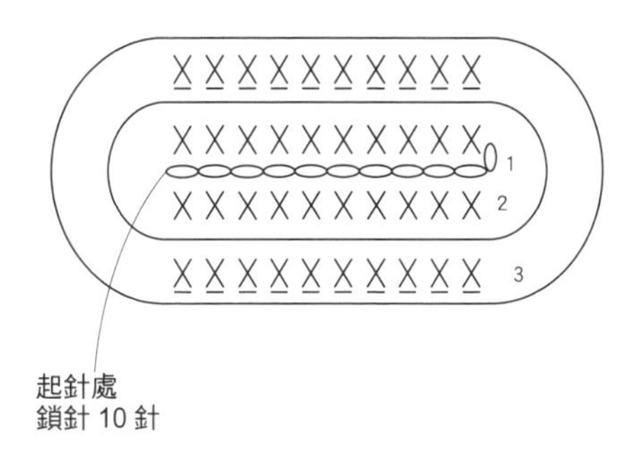

13 青蛙呱呱呱

作品圖 ✲P.18

尺寸：高 9cm 寬 9cm　難易度：★★☆☆☆

線材 貝碧嘉綠色（2225）．白色（2201）．淺黃（2203）

鉤針 5/0 號

配件 8.5 公分半圓口金．10mm 眼珠一對．棉花少許

1 輪狀起針，依織圖鉤織口金包本體，完成後取兩股貝碧嘉綠色線，縫合於口金上。

2 製作眼睛、眼白各兩個，重疊縫合後固定於口金包上，並於適當位置繡縫兩條鼻孔。

動物本體A 1個（綠色2225）

織圖見P.60

眼白2個（白色2201）

段	針數	加減針
1	8	在輪中鉤織 8針短針

眼睛2個（綠色2225）

段	針數	加減針
6	5	−5針
4～5	10	不增減
3	10	＋2針
2	8	＋2針
1	6	在輪中鉤織 6針短針

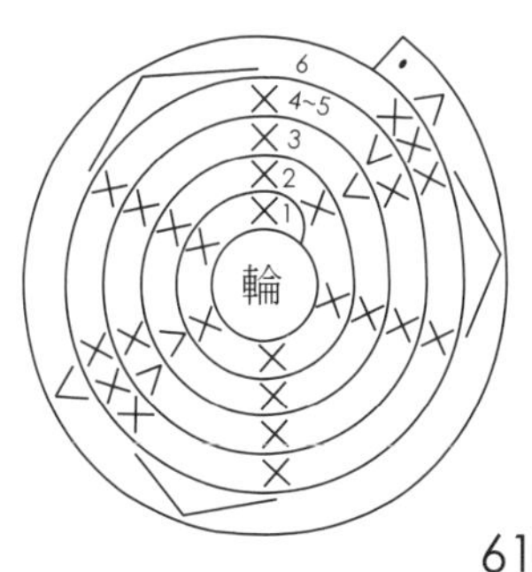

11 小小貓熊

作品圖 ✡P.17

尺寸：高 9cm 寬 9cm　難易度：★★☆☆☆

線材 貝碧嘉白色（2201）・黑色（2218）

鉤針 5/0 號

配件 8.5 公分半圓口金・8mm 眼珠一對・13mm 鈕釦兩顆

1 輪狀起針，依織圖鉤織口金包本體，完成後取兩股貝碧嘉白色毛線，縫合本體與口金。

2 鉤織耳朵、黑眼圈各兩個，鼻子一個，縫合固定於口金包上。

3 以黑色線繡出鼻頭，將 8mm 眼珠以保麗龍膠黏在 13mm 鈕釦上，再將鈕釦黏於黑眼圈上。

黑眼圈2個（黑色2218）

段	針數	加減針
3	12	+4針
2	8	在鎖針上挑短針8針
1	4	鎖針起針4針

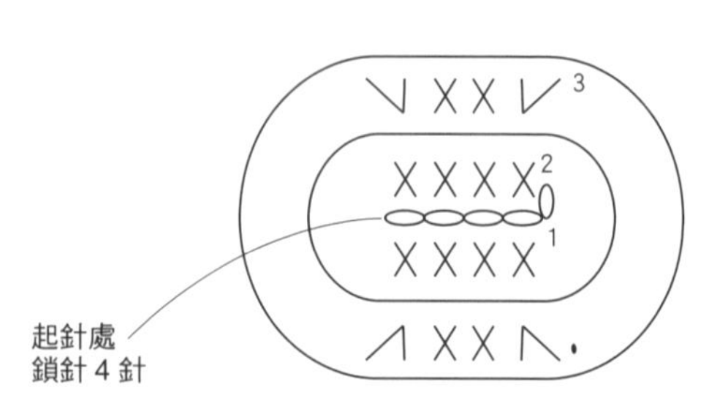

動物本體A 1個（白色2201）

織圖見P.60

鼻子1個（黑色2218）

段	針數	加減針
2	3	在鎖針上挑短針3針
1	3	鎖針起針3針

耳朵2個（黑色2218）

段	針數	加減針
6	10	−5針
4～5	15	不增減
3	15	+5針
2	10	+5針
1	5	在輪中鉤織5針短針

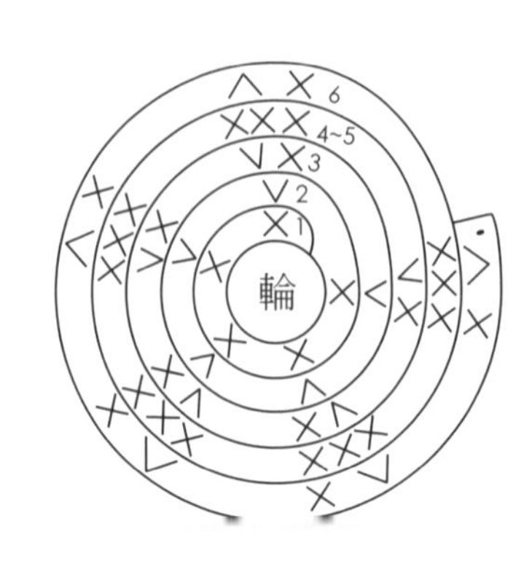

動物本體B 【通用】

甜心豬（淺粉色29）
章魚伙計（藍色08）

段	針數	加減針
22～25	20	不增減
21	20	－2針
19～20	22	不增減
18	22	－2針
16～17	24	不增減
15	24	不增減 ※此段開始 分兩側 以往復編鉤織
9～14	48	不增減
8	48	＋6針
7	42	＋6針
6	36	＋6針
5	30	＋6針
4	24	＋6針
3	18	＋6針
2	12	＋6針
1	6	在輪中鉤織 6針短針

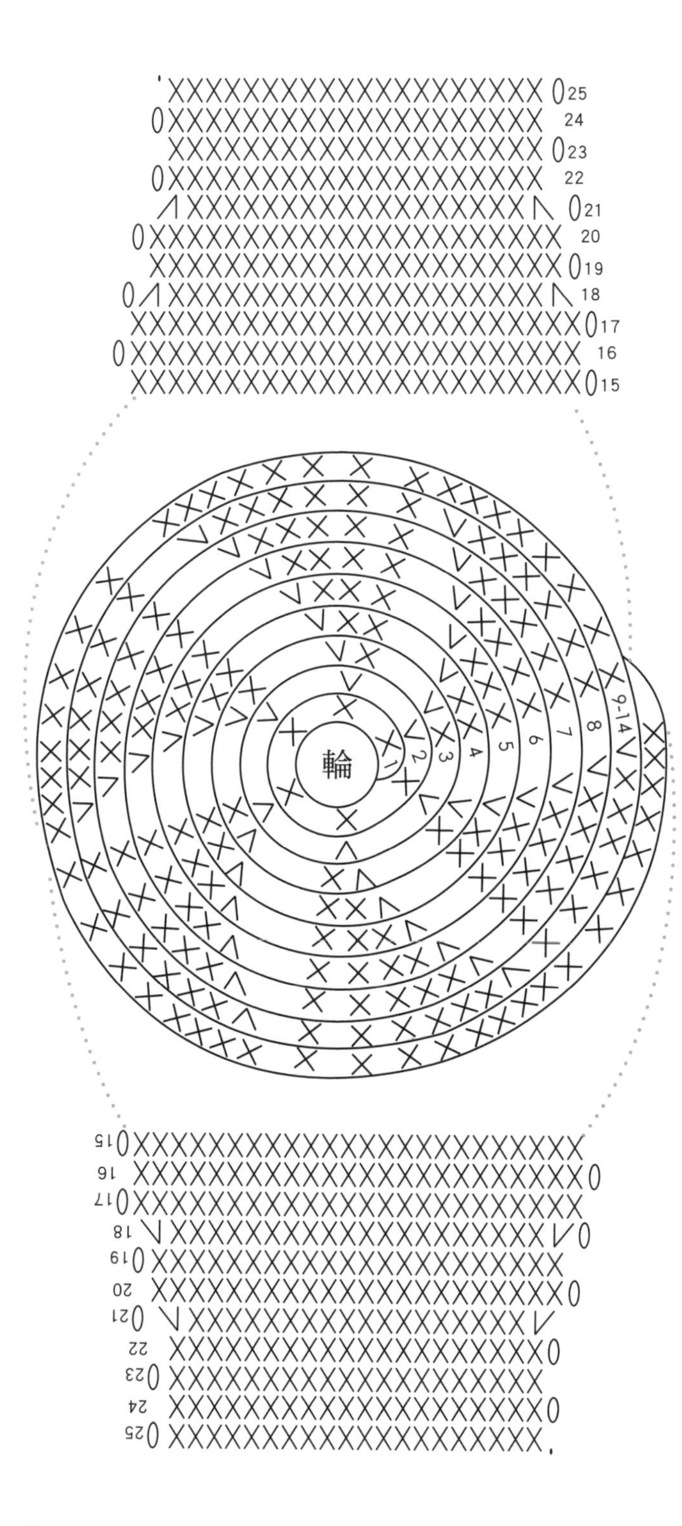

12 甜心豬

作品圖 ✲P.17

尺寸：高 8.5cm 寬 10cm　難易度：★★★☆☆

線材 娃娃紗淺粉色（29）・米白色（30）・粉紅色（15）

鉤針 3/0 號

配件 10 公分半圓口金・10mm 眼珠一對・假睫毛兩小段・棉花少許

1 輪狀起針，依織圖鉤織口金包本體，完成後取兩股娃娃紗淺粉色線，縫合本體與口金。

動物本體B 1個（淺粉色29）

織圖見P.63

2 鉤織豬耳朵兩個、豬鼻子一個（塞棉花），縫合於口金包適當位置，並以粉紅色線繡縫鼻孔。

耳朵2個（淺粉色29）

段	針數	加減針
9	20	不增減
8	20	+4針
7	16	不增減
6	16	+4針
5	12	不增減
4	12	+4針
3	8	不增減
2	8	+4針
1	4	在輪中鉤織4針短針

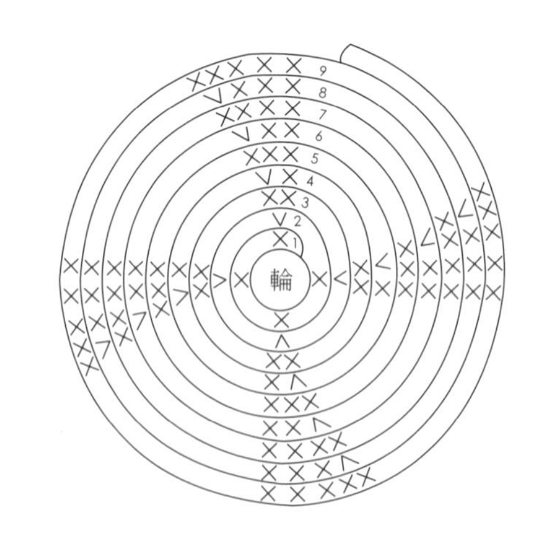

鼻子1個（米白色30）

段	針數	加減針
6~7	28	不增減
5	28	不增減 畝針
4	28	+4針
3	24	+4針
2	20	在鎖針上挑短針20針
1	10	鎖針起針10針

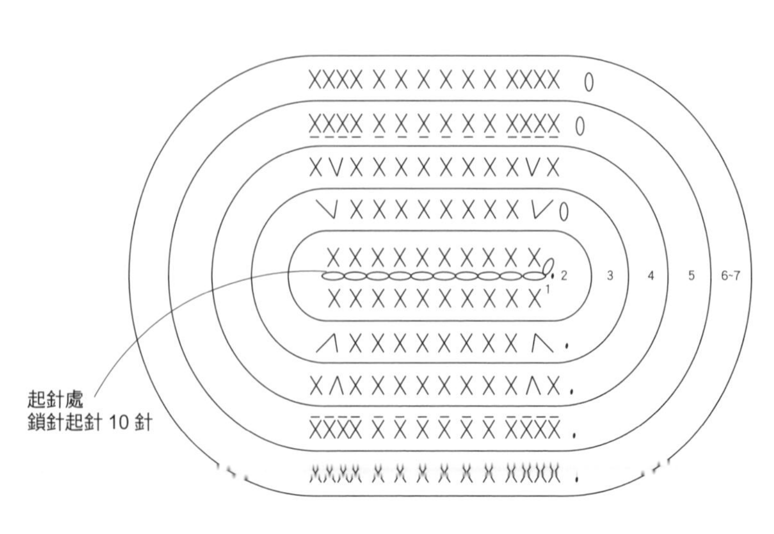

14 章魚伙計

作品圖 ✲ P.19

尺寸：高 11.5cm 寬 10cm　難易度：★★★☆☆

線材 娃娃紗藍色（08）．淺藍色（26）．米白色（13）．紅色（18）．黑色（12）

鉤針 3/0 號

配件 10 公分半圓口金

1 輪狀起針，依織圖鉤織口金包本體，完成後取兩股娃娃紗藍色線，縫合本體與口金。

2 鉤織章魚腳 4 個、嘴巴一個，塞入棉花後縫合於適當位置。

3 鉤織眼白、眼珠各 2 個，頭巾一條，縫合於口金包上。

動物本體B 1個（藍色08）

織圖見P.63

章魚嘴1個

段	針數	加減針	配色
6~9	19	不增減	淺藍26
5	19	+3針	
4	16	+1針	
3	15	+3針 畝編	
2	12	+6針	米白13
1	6	在輪中鉤織6針短針	

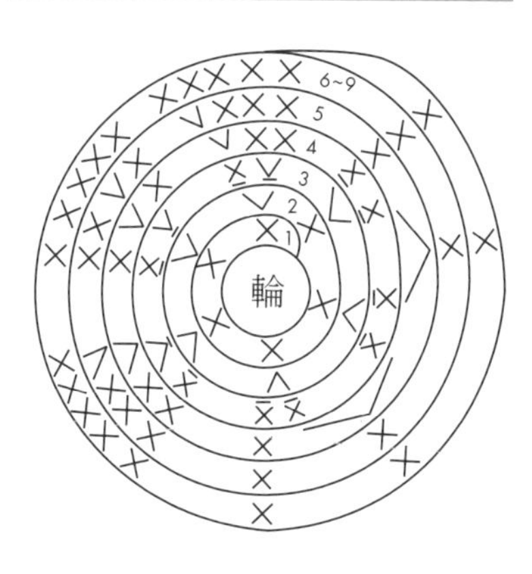

章魚腳4個（淺藍26．米白13各2個）

段	針數	加減針
3~9	10	不增減
2	10	+5針
1	5	在輪中鉤織5針短針

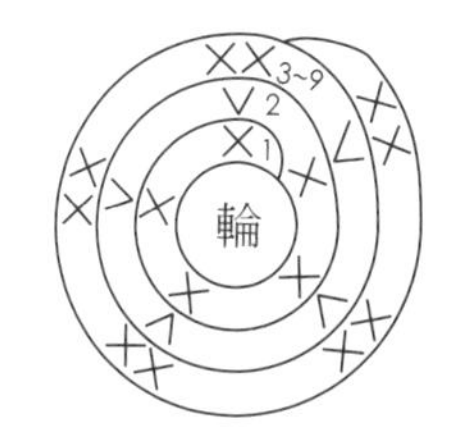

眼白2個（米白色13）

段	針數	加減針
2	12	+6針
1	6	在輪中鉤織6針短針

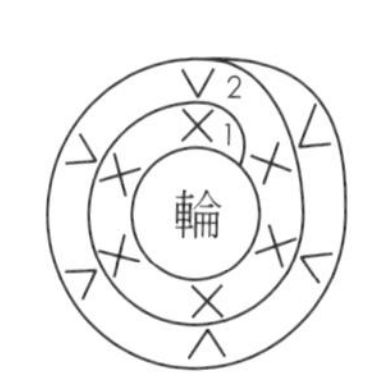

眼珠2個（黑色12）

段	針數	加減針
1	5	在輪中鉤織5針短針

頭巾1個（紅色18）

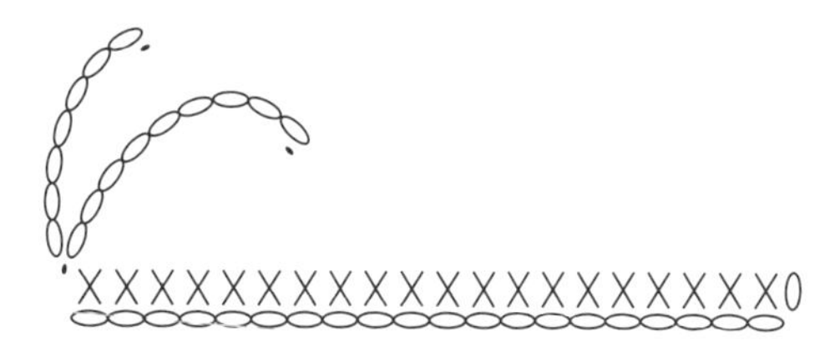

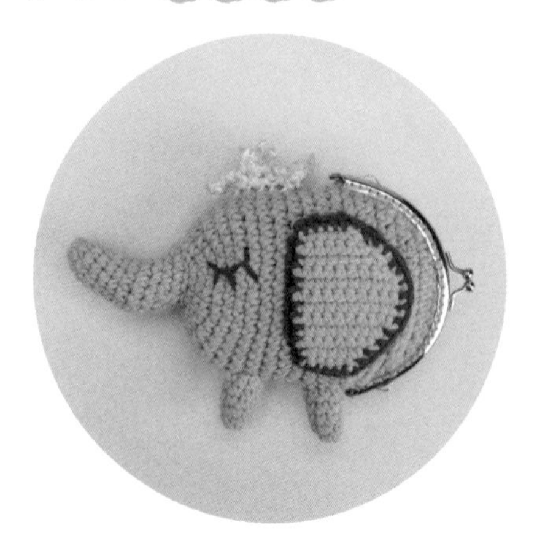

15 大象王子

作品圖 ✲P.20

尺寸：高 10cm 寬 18cm　難易度：★★★☆☆

線材 貝碧嘉淺灰色（2216）・灰色（2217），銀絲草黃色（02）

鉤針 5/0 號

配件 10 公分半圓口金

1 輪狀起針，依織圖鉤織口金包本體，完成後取兩股貝碧嘉淺灰色線，縫合本體與口金。

2 鉤織鼻子並塞入棉花，象腳與耳朵各鉤兩個，縫於口金包適當位置。

3 取灰色線繡縫睫毛，再以銀絲草黃色線鉤織皇冠，縫於頭頂。

耳朵2個（淺灰色2216）

段	針數	加減針
13	6	－1針
12	7	－1針
11	8	－1針
10	9	－1針
7～9	10	不增減
6	10	＋1針
5	9	＋1針
4	8	＋1針
3	7	＋1針
2	6	在鎖針上挑短針6針
1	6	鎖針起針6針

※完成第13段後，改換灰色線2217，沿織片周圍鉤織一圈短針（36針）。

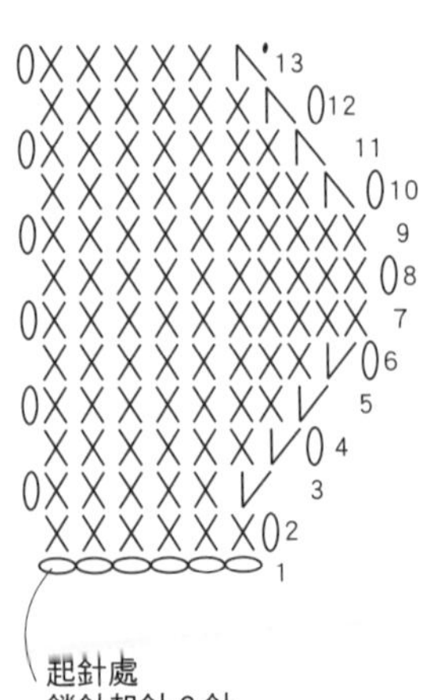

鼻子1個（淺灰色2216）

段	針數	加減針
12	15	＋3針
11	12	不增減
9～10	12	不增減
8	12	＋3針
4～7	9	不增減
3	9	＋3針
2	6	在鎖針上挑短針6針
1	6	鎖針起針6針頭尾引拔成圈

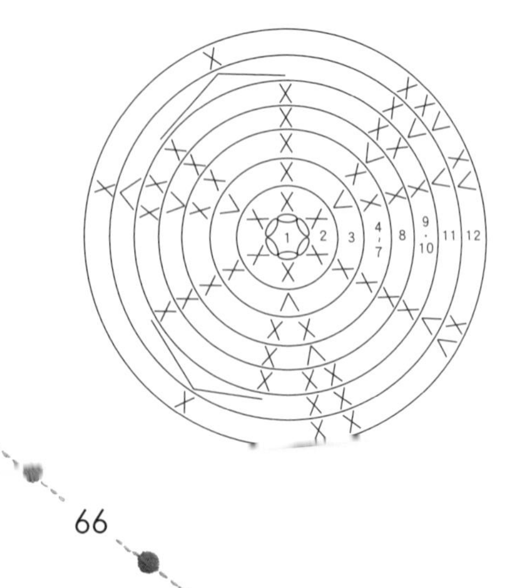

本體1個（淺灰色2216）

段	針數	加減針
24	10	－1針
23	11	－1針
22	12	－1針
21	13	－1針
20	14	－1針
19	15	－1針
18	16	－1針
17	17	－1針
16	18	不增減 ※此段開始分兩側 以往復編鉤織
7～15	36	不增減
6	36	＋6針
5	30	＋6針
4	24	＋6針
3	18	＋6針
2	12	＋6針
1	6	在輪中鉤織 6針短針

腳2個（淺灰色2216）

段	針數	加減針
3～5	8	不增減
2	8	＋2針
1	6	在輪中鉤織 6針短針

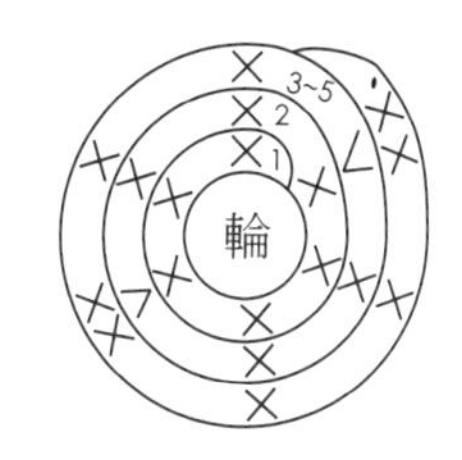

皇冠1個（銀絲草 黃色02）

鎖針起針14針，引拔接合成圈，在鎖針上鉤14針短針。接著將針目分為前後兩邊，分別以往復編鉤織2段。

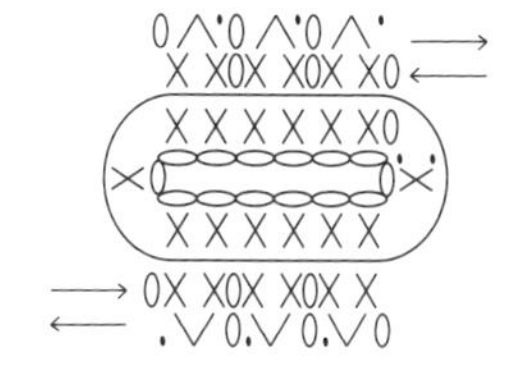

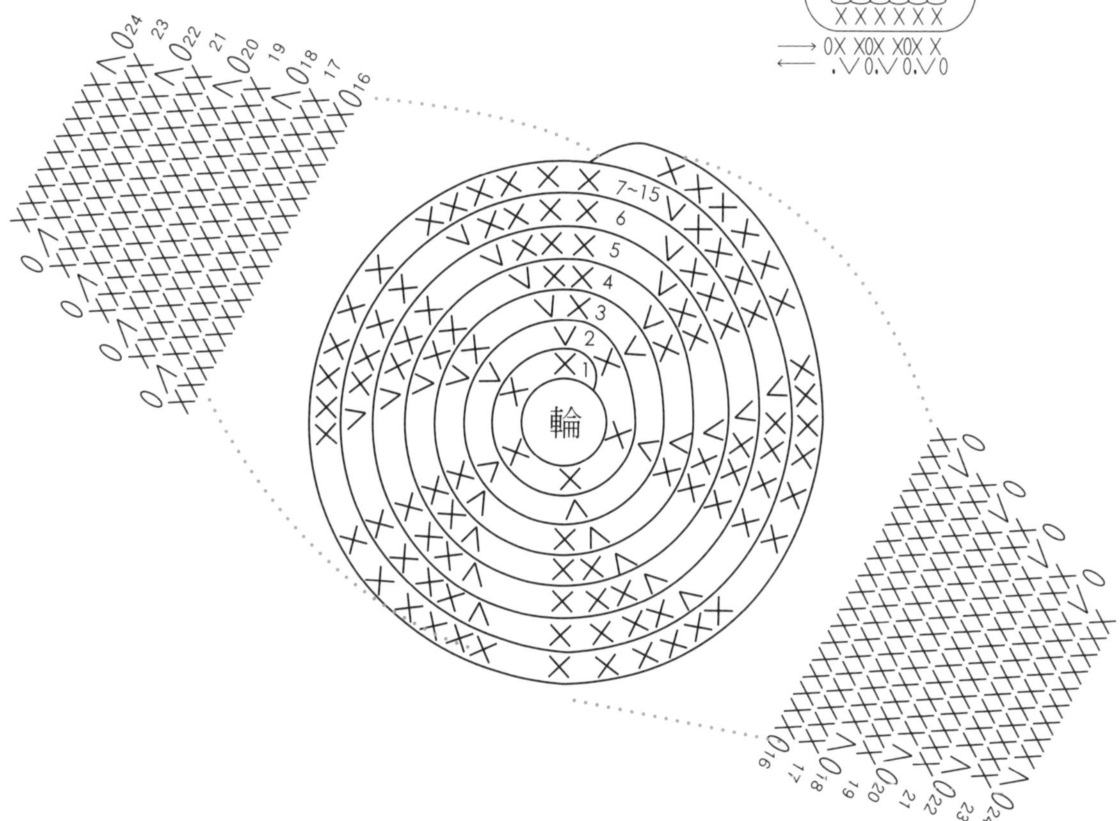

16 金魚

作品圖 ✲P.21

尺寸：高 15cm 寬 8.5cm　難易度：★★★☆☆

線材 貝碧嘉紅色（2214）．娃娃紗米白色（13）

鉤針 5/0 號．3/0 號

配件 8.5 公分半圓口金．10mm 眼珠一對．13mm 鈕釦兩顆．棉花少許

1 依織圖鉤織口金包本體，完成後取兩股貝碧嘉紅色線，縫合本體與口金。

2 鉤織魚尾巴三個，塞入棉花後縫於本體底側。

3 鉤織蕾絲花樣長短各一條，縫於金魚上作為裝飾。

4 將 10mm 眼珠以保麗龍膠黏在 13mm 鈕釦上，再將鈕釦黏於適當位置。

左右短魚尾2個（紅色2214）

段	針數	加減針
8	6	不增減
7	6	－2針
3～6	8	不增減
2	8	＋4針
1	4	在輪中鉤織4針短針

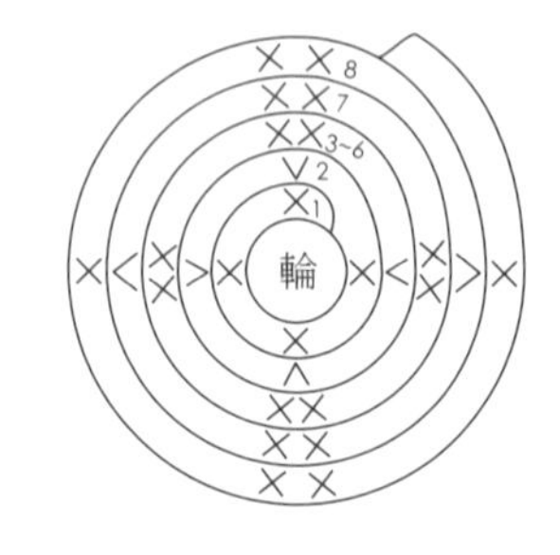

中間長魚尾1個（紅色2214）

段	針數	加減針
10	6	不增減
9	6	－2針
3～8	8	不增減
2	8	＋4針
1	4	在輪中鉤織4針短針

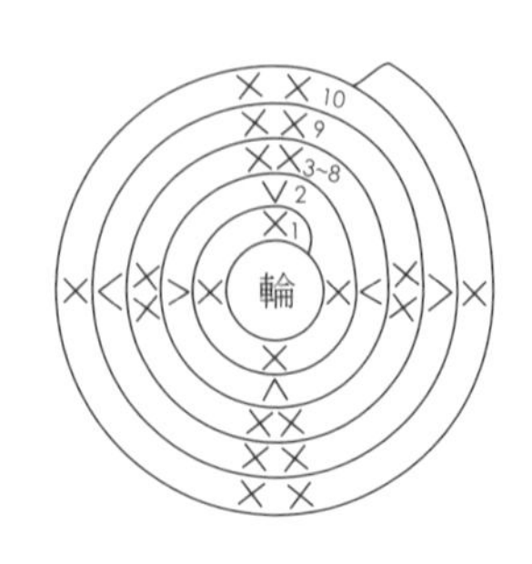

蕾絲條紋 短1個（米白色13）

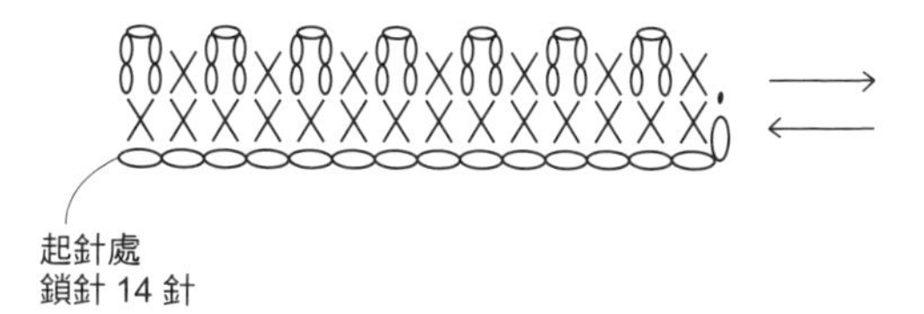

蕾絲條紋 長1個（米白色13）

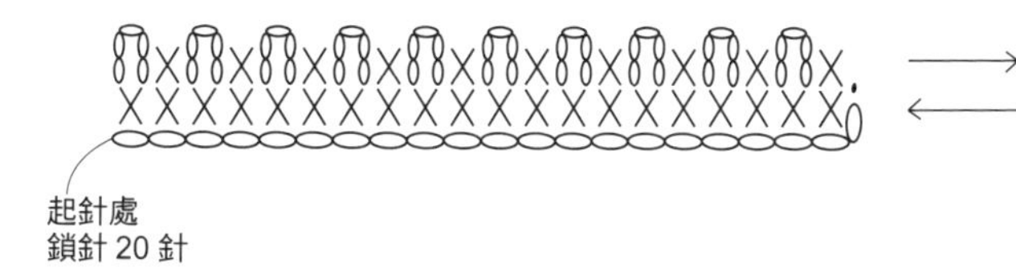

本體1個（紅色2214）

段	針數	加減針
18	10	－1針
17	11	－1針
16	12	－1針
15	13	－1針
14	14	－1針
13	15	不增減 ※此段開始 分兩側 以往復編鉤織
11～12	30	不增減
10	30	＋2針
9	28	＋2針
8	26	＋2針
7	24	＋2針
6	22	＋2針
5	20	＋4針
4	16	＋4針
3	12	＋4針
2	8	＋2針
1	6	在輪中鉤織 6針短針

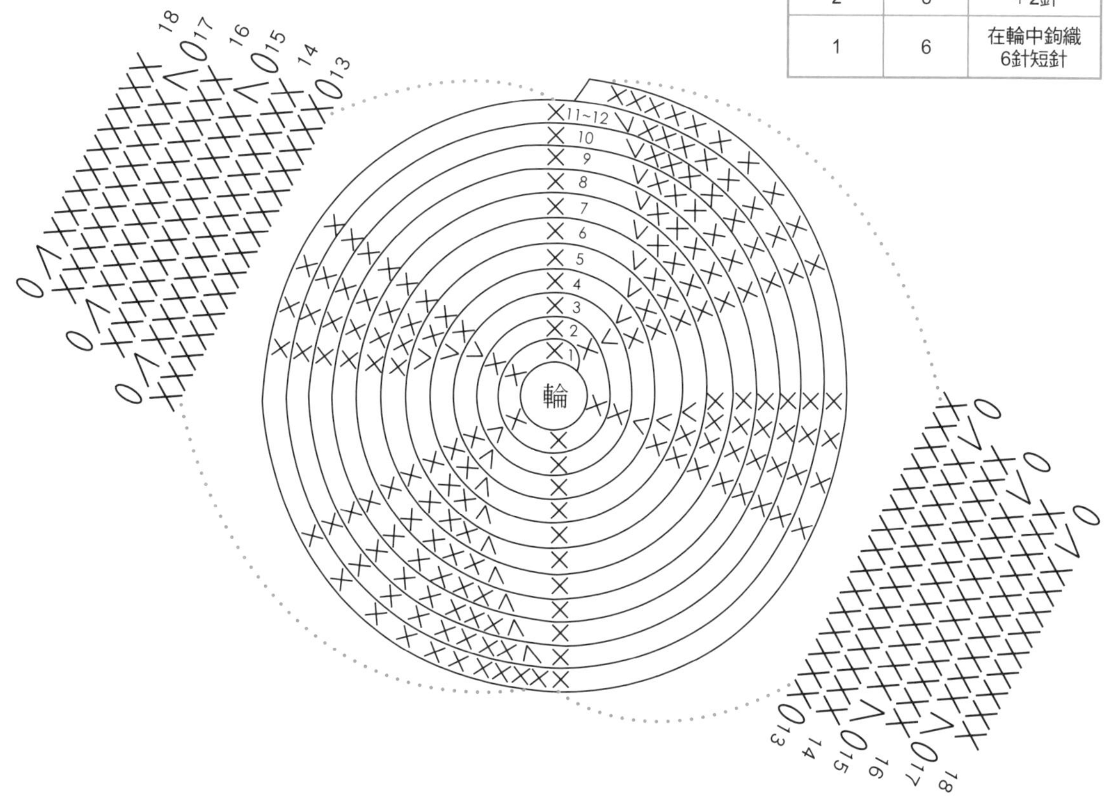

立體動物本體【通用】

烏龜（淺綠色29）
點點瓢蟲（紅色18）

段	針數	加減針
22	9	−2針
21	11	−2針
20	13	−2針
19	15	−2針
18	17	−2針
17	19	−2針
16	21	−2針
15	23	−2針
14	25	−2針
13	27	−2針
12	29	不增減 ※此段開始分兩側以往復編鉤織
9〜11	58	不增減
8	58	+4針
7	54	+6針
6	48	+6針
5	42	+6針
4	36	+6針
3	30	+6針
2	24	在鎖針上挑短針24針
1	12	鎖針起針12針

17 烏龜

作品圖 ✡P.22

尺寸：高 6cm 寬 11.5cm　難易度：★★★★☆

線材 娃娃紗淺綠色（29）．膚色（14）．土黃色（30）

鉤針 3/0 號

配件 8.5 公分半圓口金．5mm 眼珠一對．棉花少許

1 鎖針起針，依織圖鉤織口金包本體，完成後取兩股娃娃紗淺綠色線，縫合本體與口金。

2 鉤織烏龜頭部與四肢，塞入棉花後縫合於適當位置。黏貼眼珠，以土黃色線沾取些許保麗龍膠，拉出格線。

立體動物本體1個（淺綠色29）

織圖見P.70

腳4個（膚色14）

段	針數	加減針
3～5	8	不增減
2	8	＋4針
1	4	在輪中鉤織4針短針

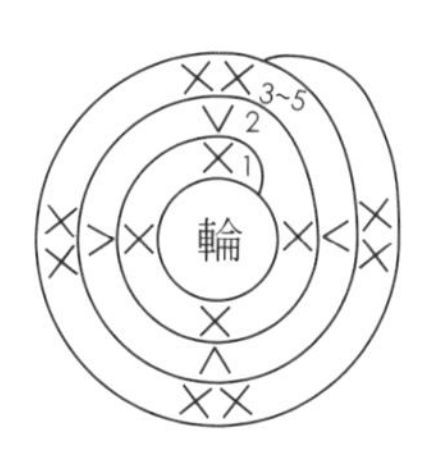

頭1個（膚色14）

段	針數	加減針
8	12	－2針
7	14	不增減
6	14	－2針
5	16	不增減
4	16	＋4針
3	12	＋4針
2	8	＋4針
1	4	在輪中鉤織4針短針

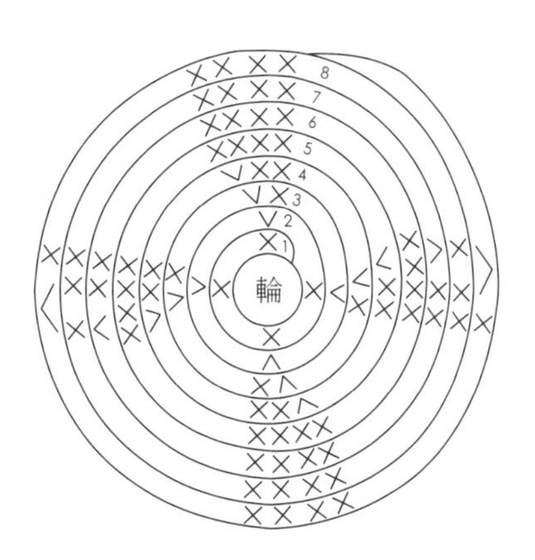

18 點點瓢蟲

作品圖 ✲P.23

尺寸：7cm 寬 12cm　難易度：★★★★☆

線材 娃娃紗紅色（18）・黑色（12）

鉤針 3/0 號

配件 8.5 公分半圓口金・8mm 動動眼一對・棉花少許

1 鎖針起針，依織圖鉤織口金包本體，完成後取兩股娃娃紗紅色線，縫合本體與口金。

2 鉤織瓢蟲頭與四個圓點，頭部塞入棉花縫於本體一側，黏貼動動眼。將圓點縫於適當位置。

立體動物本體1個（紅色18）

織圖見P.70

小圓點2個（黑色12）

段	針數	加減針
3	12	+4針
2	8	+4針
1	4	在輪中鉤織4針短針

大圓點2個（黑色12）

段	針數	加減針
3	15	+5針
2	10	+5針
1	5	在輪中鉤織5針短針

頭1個（黑色12）

段	針數	加減針
5~8	24	不增減
4	24	+6針
3	18	+6針
2	12	+6針
1	6	在輪中鉤織6針短針

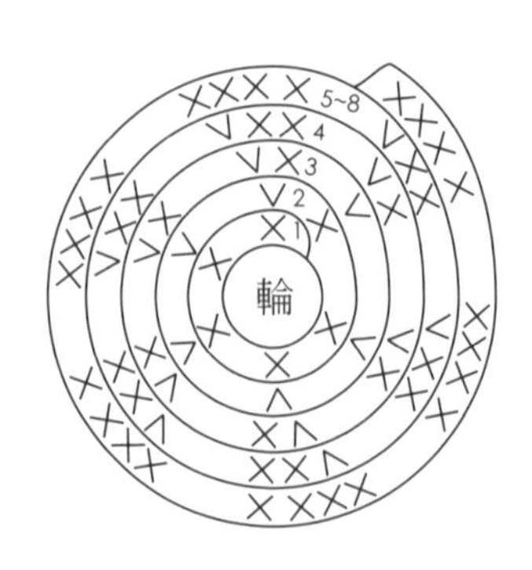

19 獅子

作品圖 ✡P.24

尺寸：高 10cm 寬 10cm　難易度：★★★☆☆

線材 波麗線黃色（13）・橘色（19），貝碧嘉米白色（2202）・黃色（2204），娃娃紗咖啡色（11）

鉤針 7/0・5/0 號

配件 8.5 公分半圓口金・10mm 眼珠一對・16mm 鼻子一個・棉花少許

1 輪狀起針，依織圖鉤織口金包本體，完成後取兩股貝碧嘉黃色線，縫合本體與口金。

2 鉤織長條鬃毛，沿口金包外圍縫合。

3 依織圖鉤織嘴巴，塞入棉花後縫合於本體中央，黏貼眼珠，並以咖啡色娃娃紗繡縫表情。

本體1個（黃色2204）

段	針數	加減針
11	12	－1針
10	13	－1針
9	14	－1針
8	15	不增減 ※此段開始分兩側以往復編鉤織
6～7	30	不增減
5	30	＋6針
4	24	＋6針
3	18	＋6針
2	12	＋6針
1	6	在輪中鉤織6針短針

鬃毛1個（波麗線黃色13）

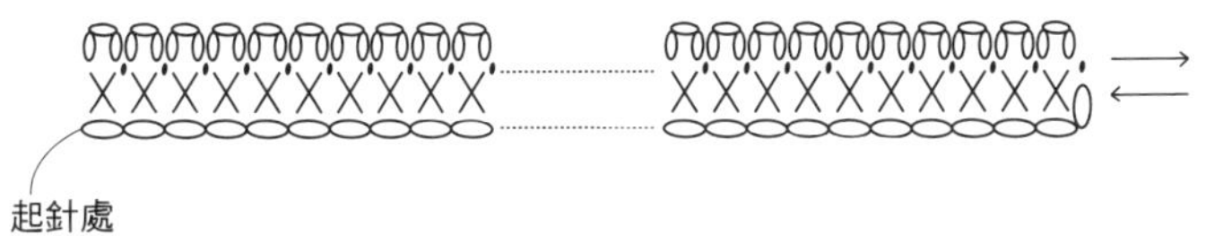

鼻子1個（米白色2202）

段	針數	加減針
4～5	18	不增減
3	18	＋6針
2	12	＋6針
1	6	在輪中鉤織6針短針

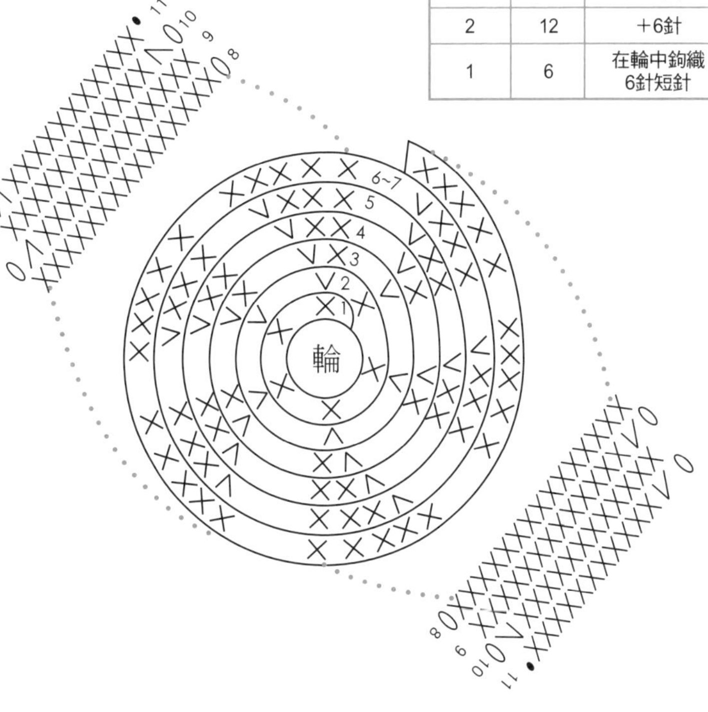

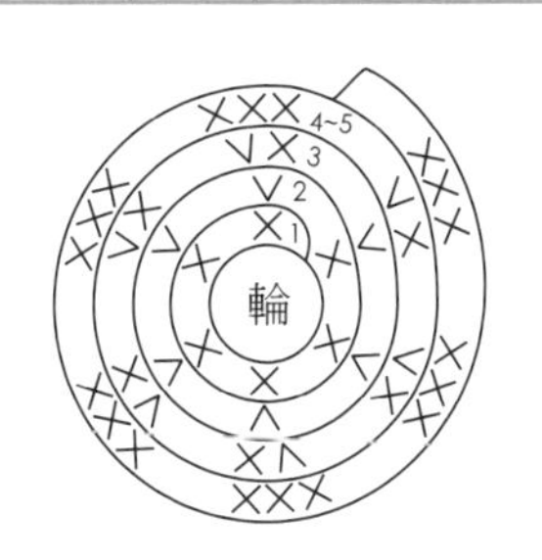

20 兔子

作品圖 ✲P.25

尺寸：高 9.5cm 寬 9cm　難易度：★★☆☆☆

線材 波麗線白色（01），娃娃紗淺黃色（27）．淺粉色（25）．粉紅色（15）．淺褐色（02）

鉤針 7/0 號．3/0 號

配件 8.5 公分半圓口金．10mm 眼珠一對．假睫毛兩小段

1 輪狀起針，依織圖鉤織口金包本體，完成後取兩股娃娃紗淺粉色線，縫合本體與口金。

2 鉤織耳朵與內耳各兩個，縫合後塞入毛根，再固定於口金包適當位置。

3 依織圖鉤織蝴蝶結，縫合於本體後，黏貼眼珠，再以淺褐色娃娃紗繡縫兔子鼻頭與嘴巴。

本體1個（白色01）

段	針數	加減針
12	12	－1針
11	13	－1針
10	14	－1針
9	15	不增減 ※此段開始分兩側以往復編鉤織
6～8	30	不增減
5	30	＋6針
4	24	＋6針
3	18	＋6針
2	12	＋6針
1	6	在輪中鉤織6針短針

內耳2個（淺粉色25）

鎖針起針8針，在鎖針上環繞一圈鉤16針短針。

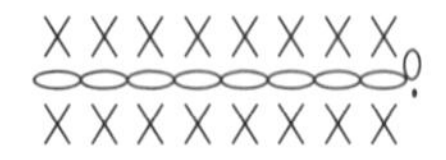

蝴蝶結1個

取娃娃紗淺黃色線（27）鉤織鎖針起針12針，不加減鉤4段12針的短針後，換粉紅色線（15），沿周圍鉤織一圈短針，並在中央以毛線纏繞3～4圈後縫合。

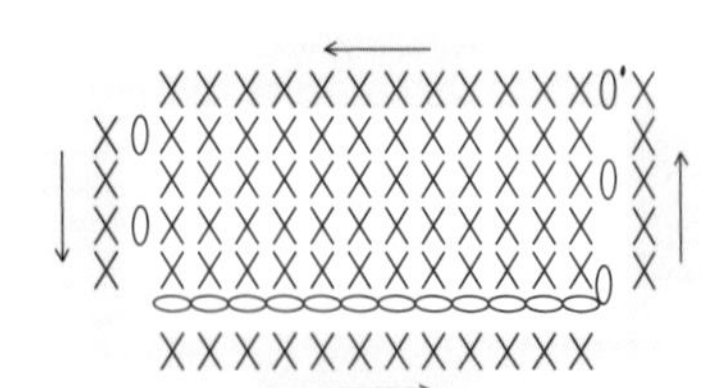

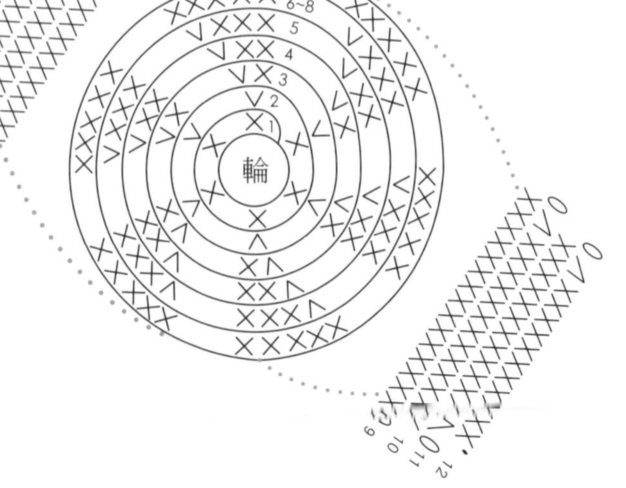

耳朵2個（白色01）

段	針數	加減針
3～9	10	不增減
2	10	＋5針
1	5	在輪中鉤織6針短針

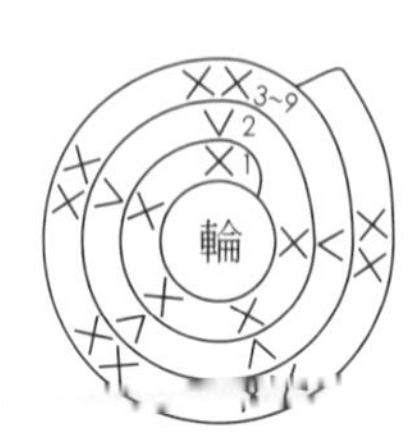

21 小熊

📖 作品圖 ✲ P.25

尺寸：高 8.5cm 寬 9cm　難易度：★★☆☆☆

線材 波麗線咖啡色（17）．黃色（13）．白色（01）．娃娃紗咖啡色（11）

鉤針 7/0 號

配件 8.5 公分半圓口金．10mm 眼珠一對

1 輪狀起針，依織圖鉤織口金包本體，完成後取兩股娃娃紗咖啡色線，縫合本體與口金。

2 鉤織耳朵兩個、鼻子一個，分別縫於口金包兩側及中央。

3 以保麗龍膠黏貼眼珠，再取娃娃紗繡縫小熊鼻頭。

鼻子1個（白色01）

段	針數	加減針
4	24	+6針
3	18	+6針
2	12	+6針
1	6	在輪中鉤織 6針短針

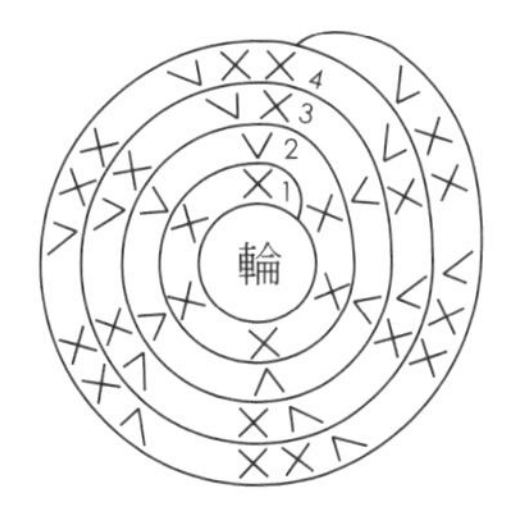

本體1個（咖啡色17）

段	針數	加減針
11	12	−1針
10	13	−1針
9	14	−1針
8	15	不增減 ※此段開始分兩側以往復編鉤織
6~7	30	不增減
5	30	+6針
4	24	+6針
3	18	+6針
2	12	+6針
1	6	在輪中鉤織 6針短針

耳朵2個

段	針數	加減針	配色
3	15	+5針	咖啡色17
2	10	+5針	黃色13
1	5	在輪中鉤織 5針短針	

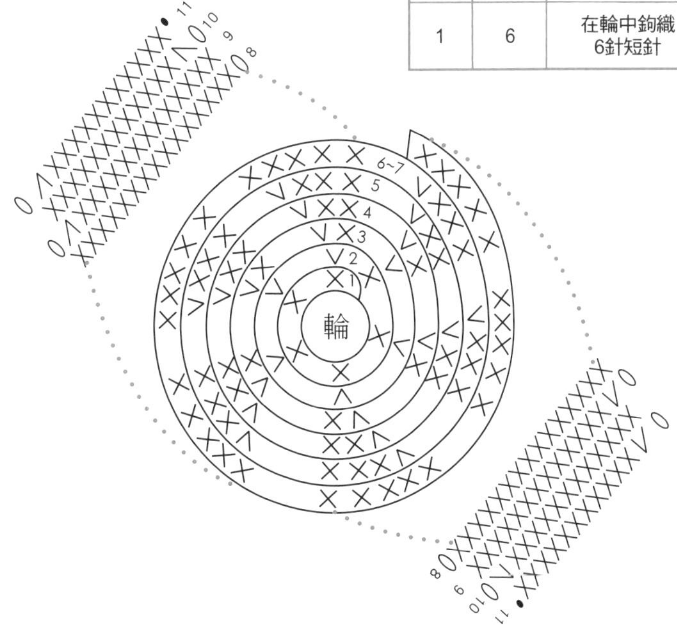

22 幸福小鷹

作品圖 P.26

尺寸：高 10.5cm 寬 9cm　難易度：★★★☆☆

線材
A. 娃娃紗土黃色（30）・黃色（03）・米白色（28）・淺咖啡（22）・咖啡色（11）・橘色（04）
B. 娃娃紗紅色（18）・米白色（28）・橘色（04）・桃紅色（05）・粉紅色（15）・咖啡色（11）

鉤針 3/0 號

配件 8.5 公分半圓口金・10mm 眼珠一對

1 鎖針起針，依織圖鉤織口金包本體，完成後取兩股娃娃紗，縫合本體與口金。

2 依織圖鉤織眼睛、翅膀各兩個、嘴巴一個，縫合於口金包適當位置。

3 A 以咖啡色線繡縫表情，B 則以保麗龍膠黏貼眼珠。

長口金本體B 1個（A土黃色30・B紅色18）

織圖見P.80

眼睛2個

段	針數	加減針	A配色	B配色
4	24	+6針	咖啡色17	橘色04
3	18	+6針		
2	12	+6針	黃色13	米白色28
1	6	在輪中鉤織6針短針		

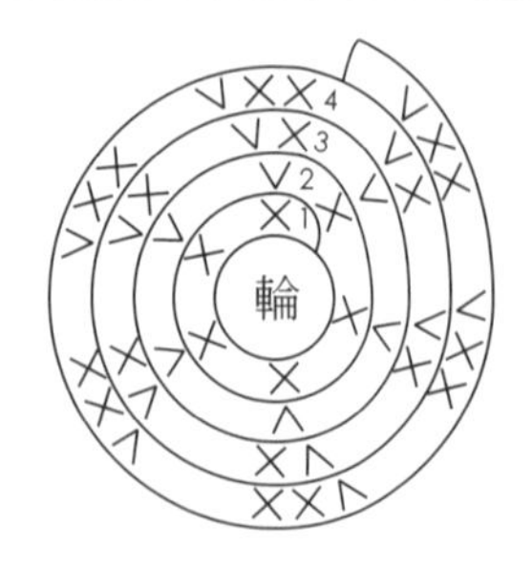

嘴巴（A橘色04・B咖啡色11）

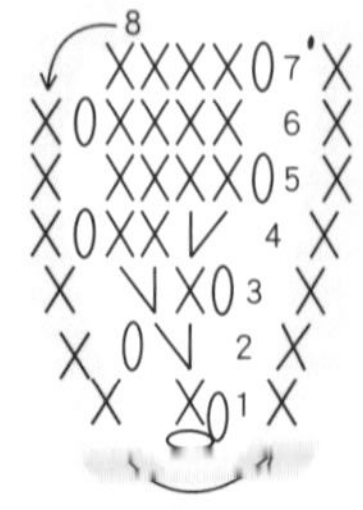

翅膀2個

段	針數	加減針	A配色	B配色
8	48	+6針	淺咖啡22	桃紅色05
7	42	+6針		
6	36	+6針	咖啡色11	米白色28
5	30	+6針		
4	24	+6針	淺咖啡22	粉紅色15
3	18	+6針		
2	12	+6針	米白色28	米白色28
1	6	在輪中鉤織6針短針		

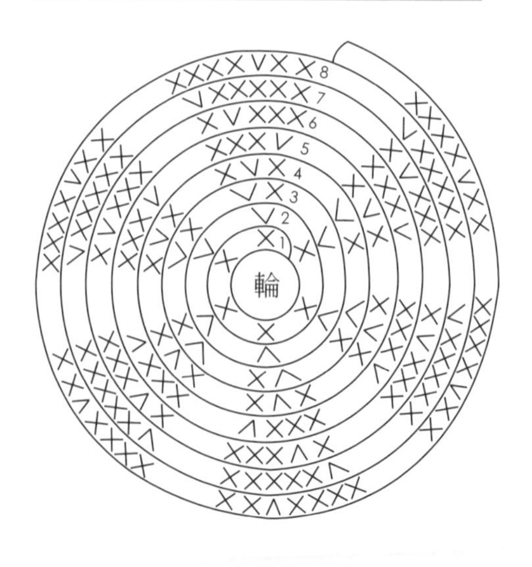

長口金本體A 【通用】

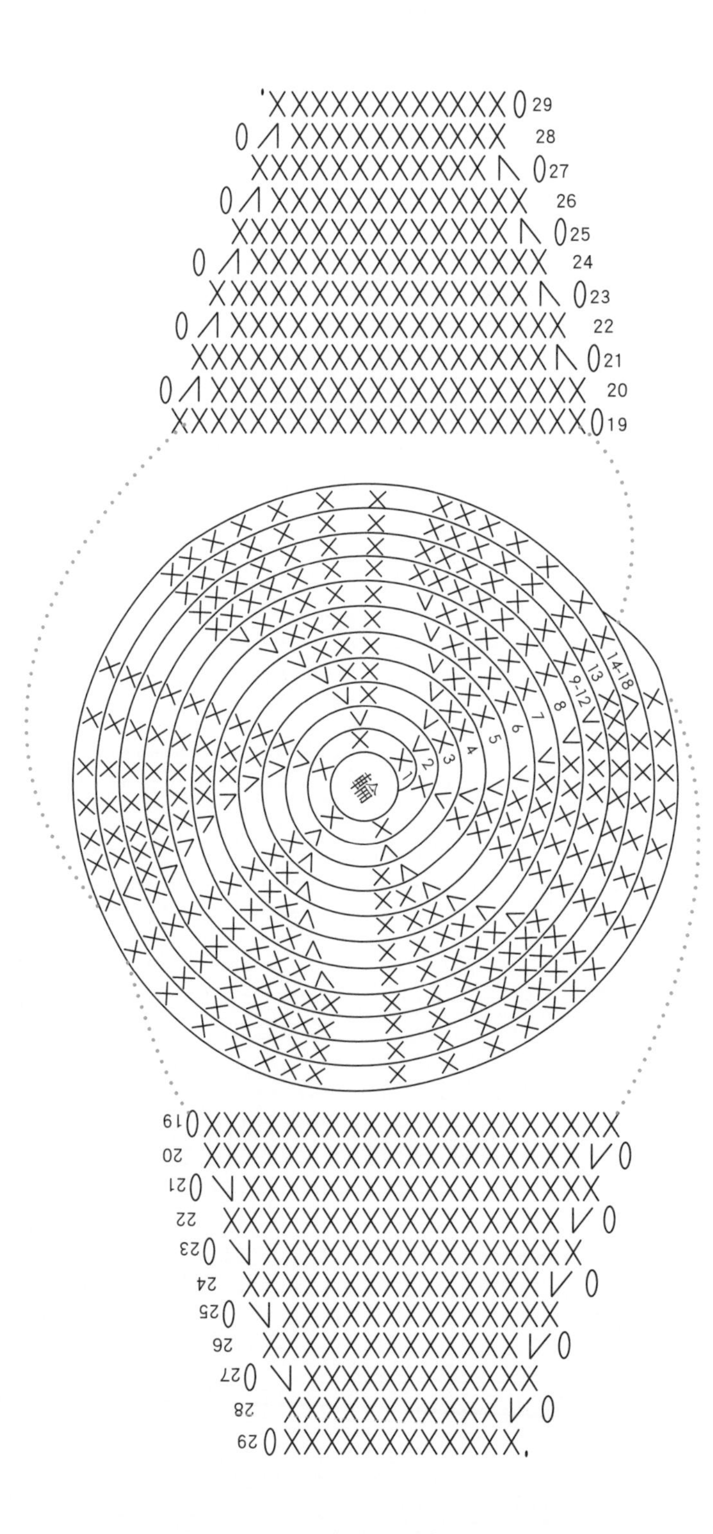

噓～兔子睡著了（米白色28）
企鵝寶寶（黑色12）

段	針數	加減針
29	12	不增減
28	12	－1針
27	13	－1針
26	14	－1針
25	15	－1針
24	16	－1針
23	17	－1針
22	18	－1針
21	19	－1針
20	20	－1針
19	21	不增減 ※此段開始 分兩側 以往復編鉤織
14～18	42	不增減
13	42	－2針
9～12	44	不增減
8	44	＋2針
7	42	＋6針
6	36	＋6針
5	30	＋6針
4	24	＋6針
3	18	＋6針
2	12	＋6針
1	6	在輪中鉤織 6針短針

23 噓～兔子睡著了

作品圖 ✲P.27

尺寸：高 13cm 寬 9cm　難易度：★★★☆☆

線材 娃娃紗米白（28）・咖啡（11）・淺粉（25）・花線（6551）

鉤針 3/0 號

配件 8.5 公分半圓口金・棉花少許

1 輪狀起針，依織圖鉤織口金包本體，完成後取兩股娃娃紗米白色線，縫合本體與口金。

2 製作兔子頭一個、耳朵兩個及尾巴一個，塞入棉花後，縫於口金包上。

3 鉤織小花三朵，並以咖啡色及淺粉色線繡縫表情。

花朵3個（花線6551）

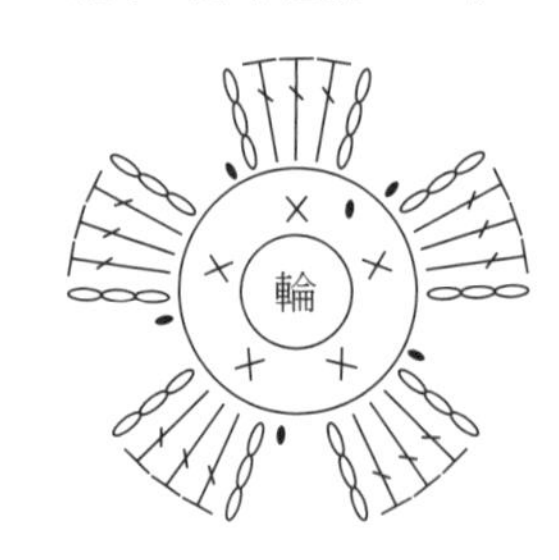

長口金本體A 1個（米白色28）

織圖見P.77

頭1個（米白色28）

段	針數	加減針
11	6	－6針
10	12	－6針
9	18	－6針
5～8	24	不增減
4	24	＋6針
3	18	＋6針
2	12	＋6針
1	6	在輪中鉤織6針短針

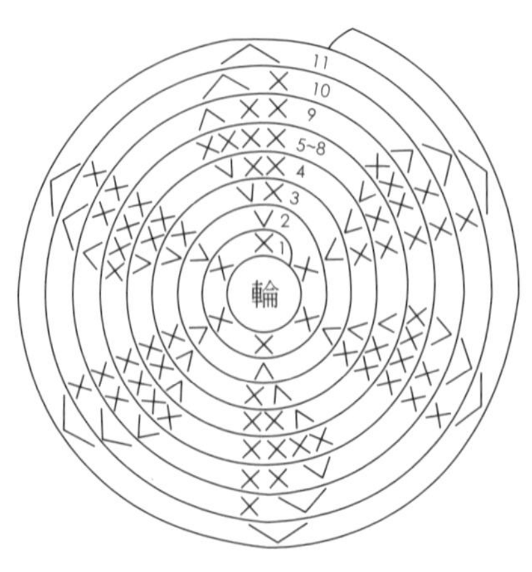

耳朵2個（米白色28）

段	針數	加減針
12	8	不增減
11	8	－2針
7～10	10	不增減
6	10	－2針
3～5	12	不增減
2	12	＋6針
1	6	在輪中鉤織6針短針

尾巴1個（米白色28）

段	針數	加減針
5	5	－5針
3～4	10	不增減
2	10	＋5針
1	5	在輪中鉤織5針短針

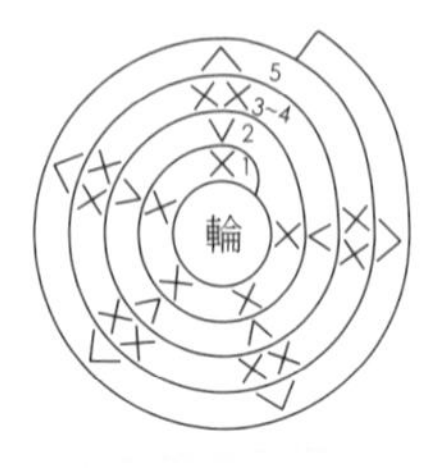

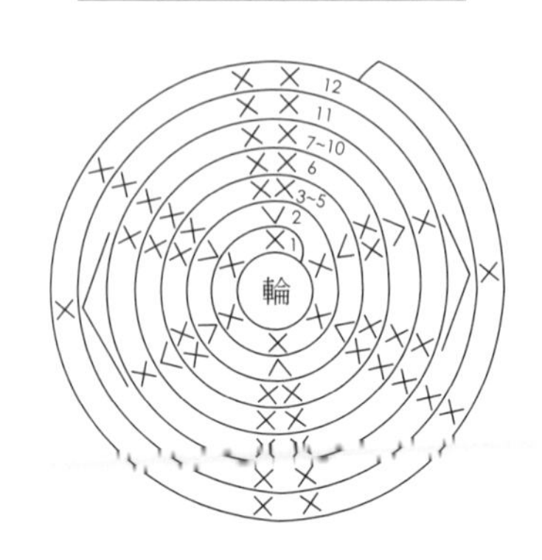

24 企鵝寶寶

作品圖 ✲P.27

尺寸：高 8.5cm 寬 9cm　難易度：★★★☆☆

線材 娃娃紗黑色（12）・白色（01）・橘色（04）・黃色（03）

鉤針 3/0 號

配件 8.5 公分半圓口金・10mm 眼珠一對・13mm 鈕釦兩顆・棉花少許

1 輪狀起針，依織圖鉤織口金包本體，完成後取兩股娃娃紗黑色線，縫合本體與口金。

2 鉤織手、腳各兩個，肚子一個，分別縫於口金包兩側及中央。

3 將 8mm 眼珠以保麗龍膠黏在 13mm 鈕釦上，再將鈕釦黏於口金下方。

4 鉤織嘴巴，塞入適量棉花後縫合。

肚子1個（白色01）

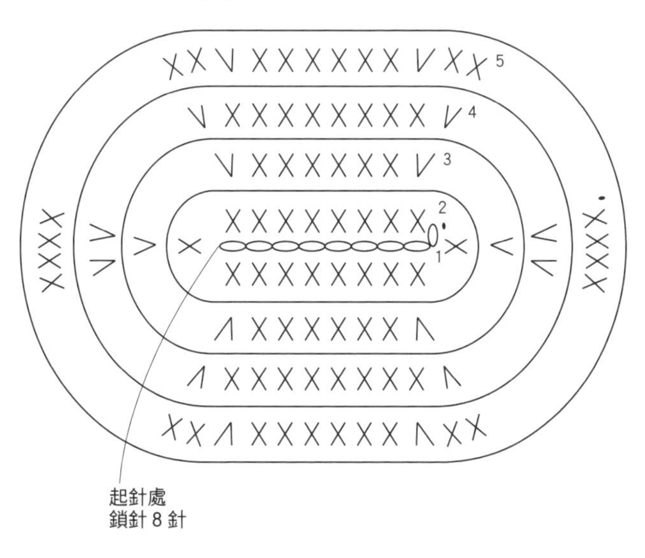

長口金本體A 1個（黑色12）

織圖見P.77

腳2個（黃色03）

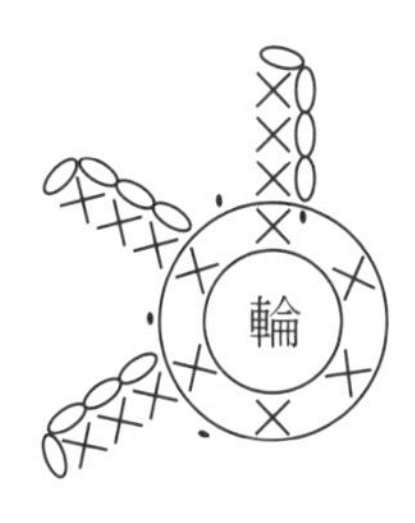

手2個（黑色12）

段	針數	加減針
3~8	10	不增減
2	10	+5針
1	5	在輪中鉤織5針短針

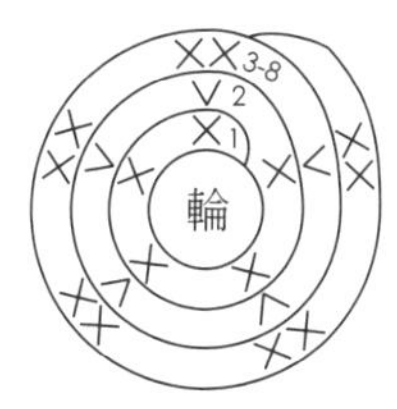

嘴巴（橘色04）

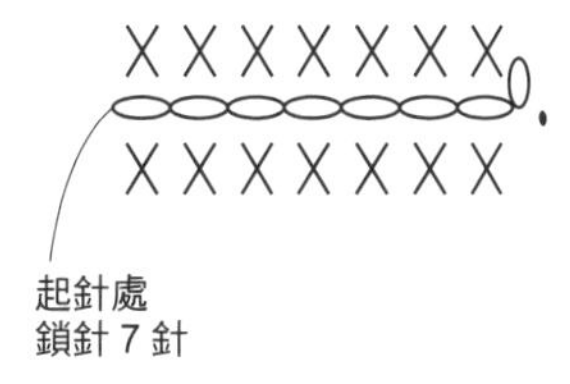

長口金本體B【通用】

幸福小鷹（A土黃色30・B紅色18）
歪頭熊（花線6555）
歪頭貓（花線6552）

段	針數	加減針
29	12	－1針
28	13	－1針
27	14	－1針
26	15	－1針
25	16	－1針
24	17	－1針
23	18	－1針
22	19	－1針
21	20	－1針
20	21	不增減 ※此段開始分兩側 以往復編鉤織
6～19	42	不增減
5	42	不增減 畝針
4	42	＋4針
3	38	＋8針
2	30	在鎖針上 挑短針30針
1	14	鎖針起針14針

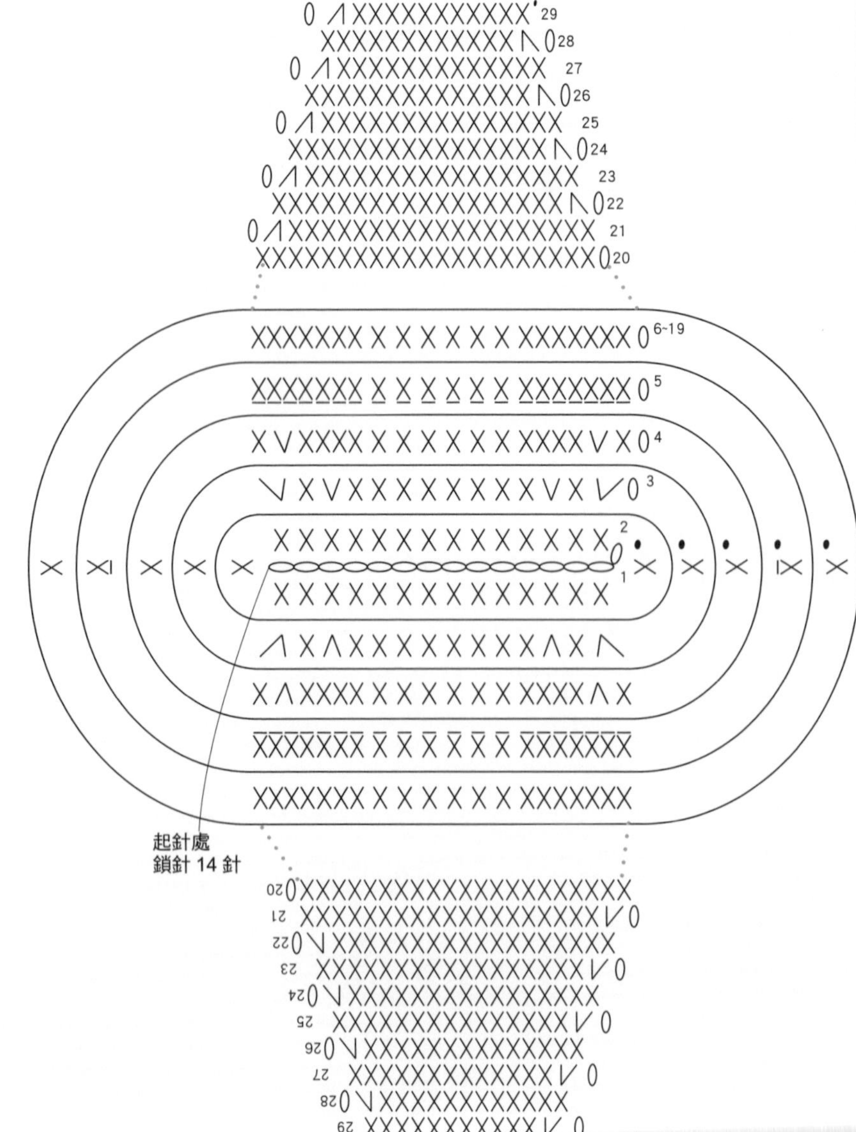

頭【通用】

歪頭熊（花線6555）
歪頭貓（花線6552）

段	針數	加減針
17	6	－6針
16	12	－6針
15	18	－6針
14	24	－6針
13	30	－6針
12	36	－6針
8～11	42	不增減
7	42	＋6針
6	36	＋6針
5	30	＋6針
4	24	＋6針
3	18	＋6針
2	12	＋6針
1	6	在輪中鉤織 6針短針

25 歪頭熊

作品圖 ✡P.28

尺寸：高 12cm 寬 9cm　難易度：★★★☆☆

線材 娃娃紗花線（6555）・米白色（28）・咖啡色（11）少許

鉤針 3/0 號

配件 8.5 公分半圓口金・8mm 眼珠一對・棉花少許

1 鎖針起針，依織圖鉤織口金包本體，完成後取兩股娃娃紗花線，縫合本體與口金。

2 鉤織熊頭、耳朵、鼻子，熊頭塞入棉花後依序縫合耳朵與鼻子，再固定於口金包適當位置。

3 鉤織熊手兩個，縫於左右兩側。黏貼眼珠，並以咖啡色娃娃紗縫製小熊表情。

長口金本體B　1個（花線6555）

織圖見P.80

頭1個（花線6555）

織圖見P.81

手2個（花線6555）

段	針數	加減針
3～10	12	不增減
2	12	+6針
1	6	在輪中鉤織6針短針

耳朵2個（花線6555）

段	針數	加減針
4～6	18	不增減
3	18	+6針
2	12	+6針
1	6	在輪中鉤織6針短針

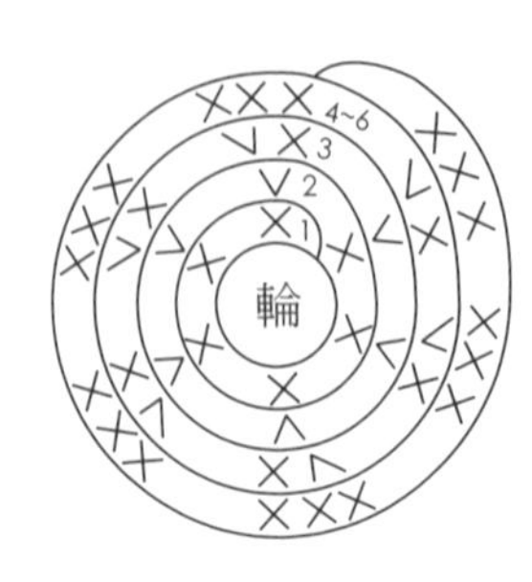

鼻子1個（米白色28）

段	針數	加減針
4	24	+6針
3	18	+6針
2	12	+6針
1	6	在輪中鉤織6針短針

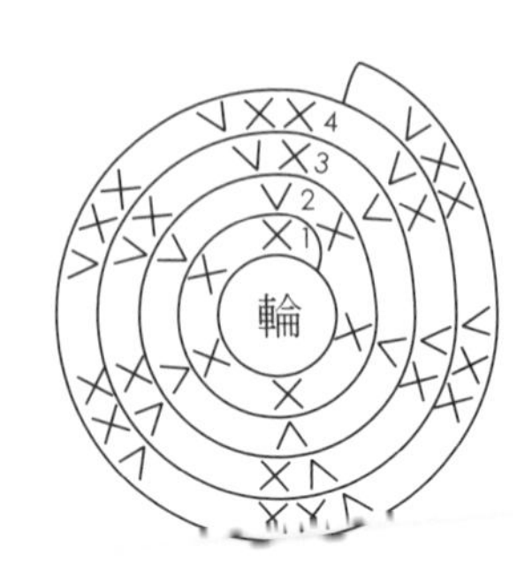

26 歪頭貓

作品圖 ✲ P.29

尺寸：高 12cm 寬 9cm　難易度：★★★

線材 娃娃紗花線（6552）．淺黃色（27）

鉤針 3/0 號

配件 8.5 公分半圓口金．13mm 鼻子一個

1 鎖針起針，依織圖鉤織口金包本體，完成後取兩股娃娃紗花線，縫合本體與口金。

2 鉤織貓頭與貓耳，貓頭塞入棉花後縫上耳朵，再固定於口金包適當位置。

3 鉤織尾巴一個，塞入毛根，縫合於口金包背面。黏貼鼻子，並以淺黃色娃娃紗縫製表情。

長口金本體B 1個（花線6552）

織圖見P.80

頭1個（花線6552）

織圖見P.81

尾巴1個（花線6552）

段	針數	加減針
2～21	5	不增減
1	5	在輪中鉤織 5針短針

耳朵2個（花線6552）

段	針數	加減針
7	15	＋3針
6	12	不增減
5	12	＋3針
4	9	不增減
3	9	＋3針
2	6	＋3針
1	3	在輪中鉤織 3針短針

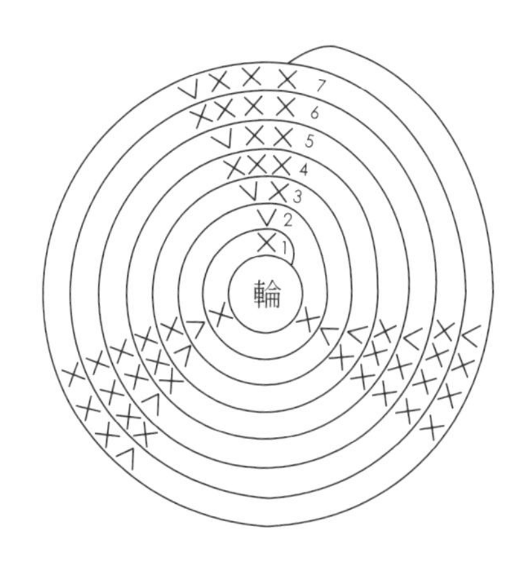

27 蝴蝶蝴蝶真美麗

作品圖 ✡P.30

尺寸：高 16cm 寬 23cm　難易度：★★★☆☆

線材 貝碧嘉米白色（2202）．淺粉色（2215）．桃紅色（2233）．淺紫色（2231）．紫色（2228）

鉤針 5/0 號

配件 8.5 公分半圓口金．棉花

1 輪狀起針，依織圖配色鉤織口金包本體，完成後取兩股貝碧嘉米白色線，縫合本體與口金。

2 依配色表鉤織四個圓翅膀，分別塞入棉花後縫合，固定於口金包兩側。

大圓翅膀2個

依配色鉤織4片，每兩片縫合成一個大圓翅膀。

段	針數	加減針	配色
9	48	不增減 畝針	紫色 2228
8	48	+6針	
7	42	+6針	
6	36	+6針	桃紅色 2233
5	30	+6針	
4	24	+6針	
3	18	+6針	淺紫色 2231
2	12	+6針	
1	6	在輪中鉤織 6針短針	

小圓翅膀2個

A鉤2片，至第6段收針。B鉤2片，至第7段收針。

A、B各取一片縫合成一個小圓翅膀。

段	針數	加減針	A配色	B配色
7	36	不增減 畝針	不鉤	桃紅色 2233
6	36	+6針	桃紅色 2233	
5	30	+6針		
4	24	+6針	淺紫色 2231	淺紫色 2231
3	18	+6針		
2	12	+6針		
1	6	在輪中鉤織 6針短針		

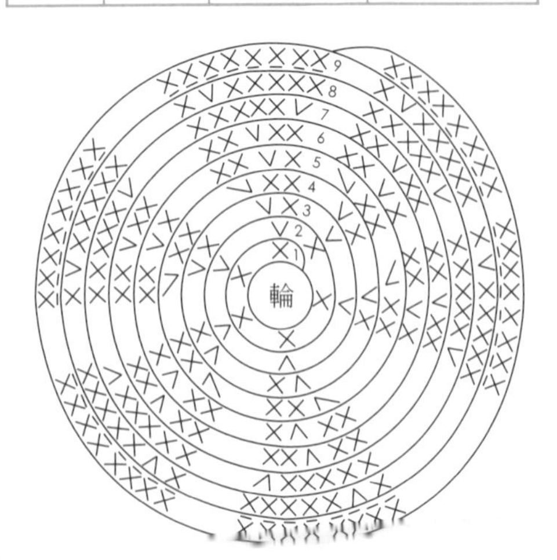

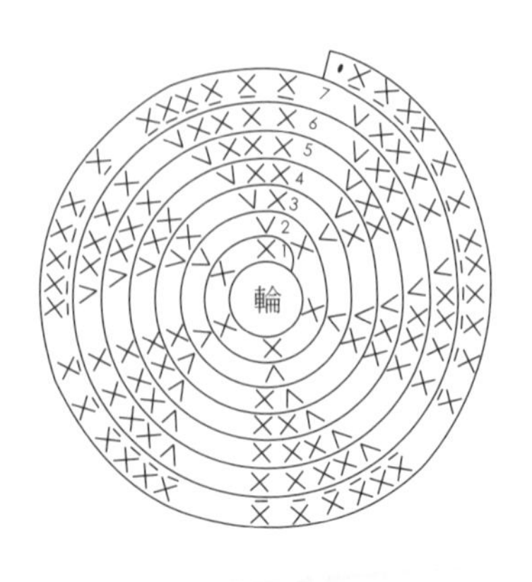

本體1個

段	針數	加減針	配色
29	10	－1針	米白色2202
28	11	－1針	
27	12	－1針	
26	13	－1針	淺粉色2215
25	14	－1針	
24	15	不增減 ※此段開始分兩側 以往復編鉤織	
21～23	30	不增減	米白色2202
18～20	30	不增減	淺粉色2215
15～17	30	不增減	米白色2202
12～14	30	不增減	淺粉色2215
9～11	30	不增減	米白色2202
6～8	30	不增減	淺粉色2215
5	30	＋6針	米白色2202
4	24	＋6針	
3	18	＋6針	
2	12	＋6針	
1	6	在輪中鉤織 6針短針	

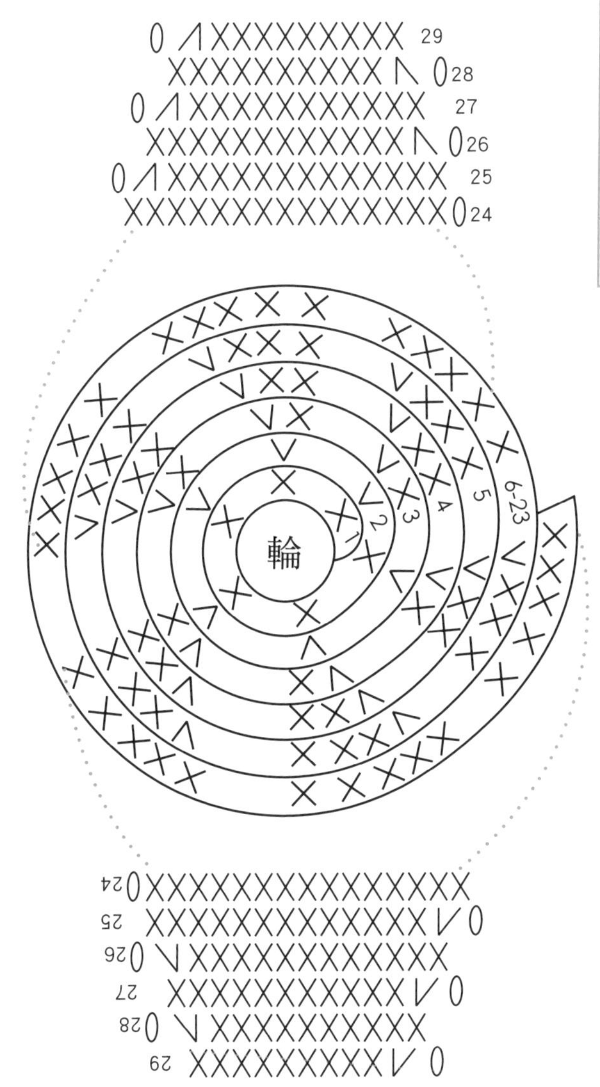

28 蜜蜂嗡嗡嗡

作品圖 ✡P.31

尺寸：高 13cm 寬 16cm　難易度：★★★☆☆

線材 貝碧嘉黃色（2204）．黑色（2218）．米白（2202）．淺藍（2208）

鉤針 5/0 號

配件 8.5 公分半圓口金．12mm 眼珠一顆

1 依織圖鉤織口金包本體，每三段換色，完成後取兩股貝碧嘉黃色線，縫合於口金上。

2 鉤織翅膀 2 個、眼白 1 個，固定於適當位置，再以保麗龍膠黏貼眼珠。

眼白1個（米白2202）

段	針數	加減針
3	10	不增減
2	10	＋5針
1	5	在輪中鉤織5針短針

小翅膀-前（淺藍2208）

段	針數	加減針
10	10	不增減
9	10	－2針
8	12	－2針
4~7	14	不增減
3	14	＋2針
2	12	＋6針
1	6	在輪中鉤織6針短針

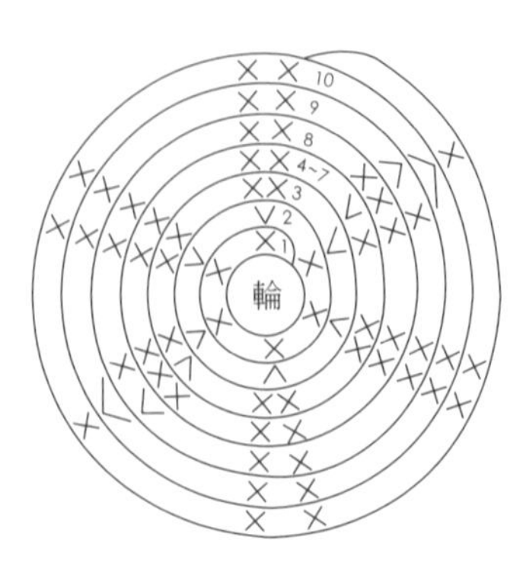

大翅膀-後（淺藍2208）

段	針數	加減針
10	10	不增減
9	10	－2針
8	12	－2針
7	14	－2針
6	16	－2針
4~5	18	不增減
3	18	＋6針
2	12	＋6針
1	6	在輪中鉤織6針短針

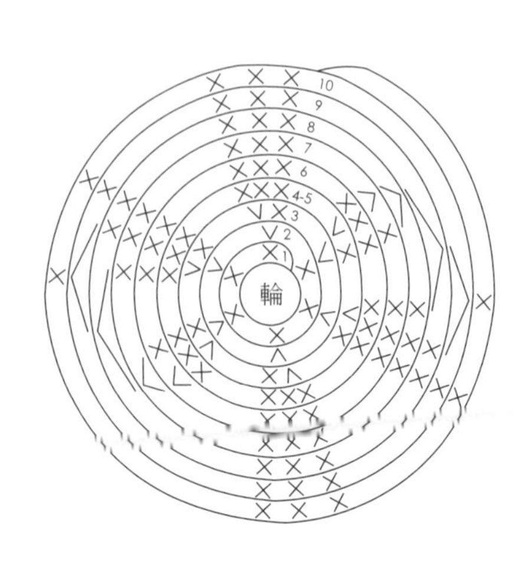

本體1個

段	針數	加減針	配色
29	10	－1針	黃色2204
28	11	－1針	
27	12	－1針	
26	13	－1針	黑色2218
25	14	－1針	
24	15	不增減 ※此段開始分兩側 以往復編鉤織	
21～23	30	不增減	黃色2204
18～20	30	不增減	黑色2218
15～17	30	不增減	黃色2204
12～14	30	不增減	黑色2218
6～11	30	不增減	黃色2204
5	30	＋6針	
4	24	＋6針	
3	18	＋6針	
2	12	＋6針	
1	6	在輪中鉤織 6針短針	

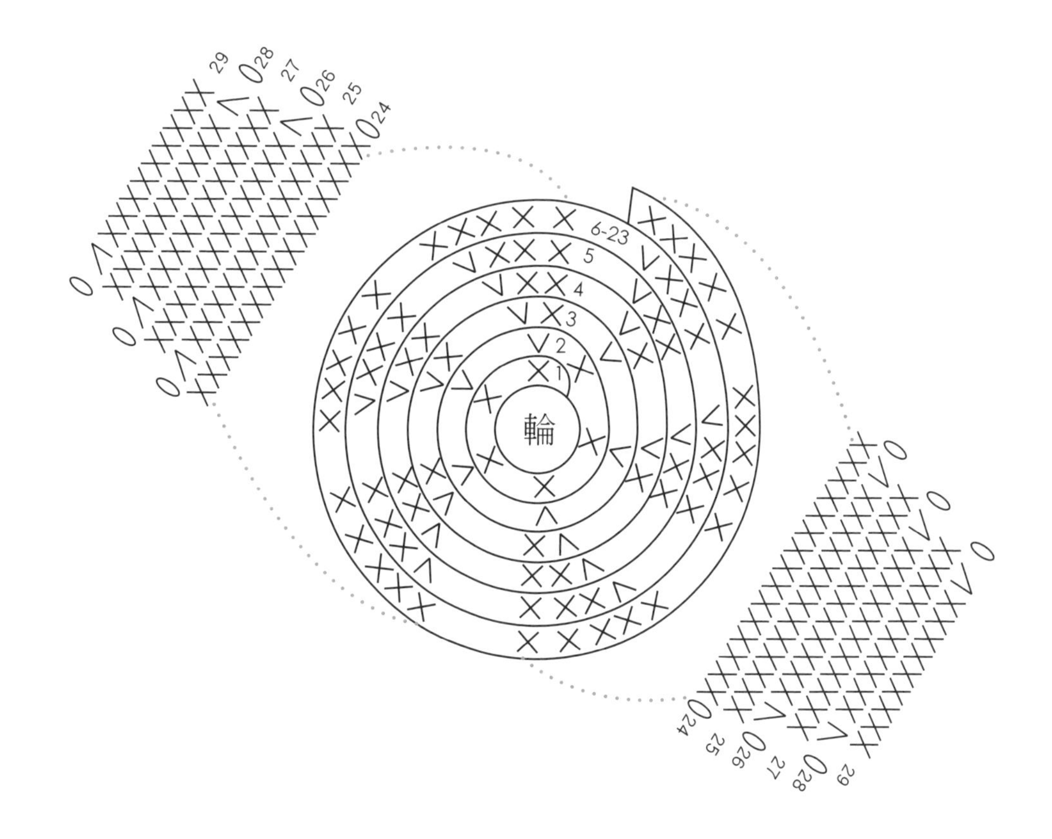

29 我是熊

作品圖 ✲ P.32

尺寸：高 9.5cm 寬 10cm　難易度：★★★★

線材 金色寶貝金色（6202），貝碧嘉淺咖啡色（2237）少許

鉤針 8/0 號

配件 8.5 公分半圓口金．12mm 眼珠一對．16mm 鼻子一個

1 輪狀起針，依織圖鉤織口金包本體，完成後取兩股貝碧嘉淺咖啡色線，縫合本體與口金。

2 鉤織兩個耳朵，縫合於口金包適當位置。再以保麗龍膠黏貼眼珠與鼻子。

本體1個（金色6202）

段	針數	加減針
11	9	－1針
10	10	－1針
9	11	－1針
8	12	不增減 ※此段開始分兩側以往復編鉤織
5～7	24	不增減
4	24	＋6針
3	18	＋6針
2	12	＋6針
1	6	在輪中鉤織6針短針

耳朵2個（金色6202）

段	針數	加減針
4～7	12	不增減
3	12	＋6針
2	6	在鎖針上挑短針6針
1	3	鎖針起針3針

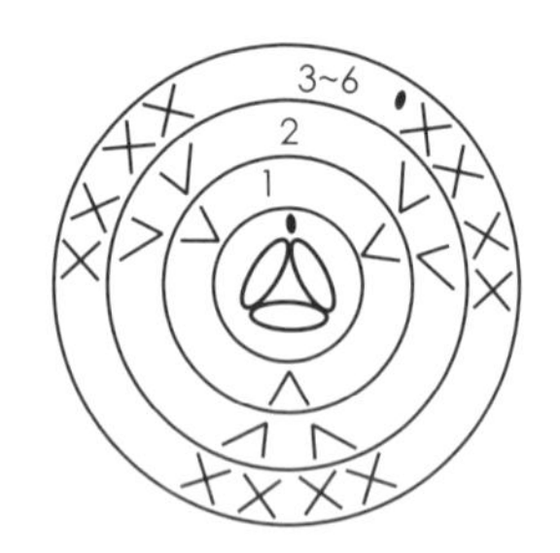

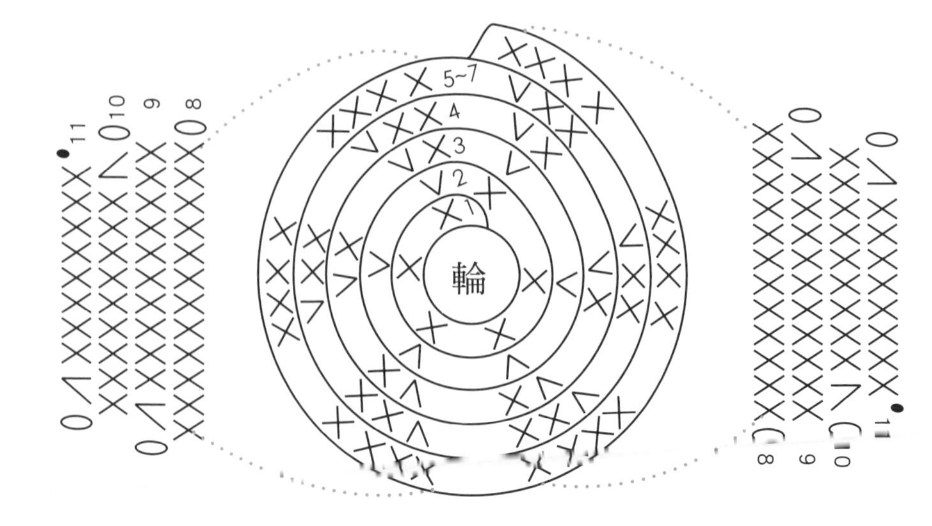

30 馬爾濟斯

作品圖 ☆P.32

尺寸：高 8.5cm 寬 8.5cm　難易度：★★★★☆

線材　糖果紗白色（004），貝碧嘉白色（2201）少許

鉤針　7/0 號

配件　8.5 公分半圓口金・12mm 雙色眼珠一對・21mm 鼻子一個・粉紅色不織布一小片

1 輪狀起針，依織圖鉤織口金包本體，正面（即表情面）鉤織至 10 段即引拔結束，背面繼續鉤織第 11 段，完成後取兩股貝碧嘉白色線，縫合本體與口金。

2 鉤織鼻子並塞入棉花，將兩個耳朵與鼻子縫合於口金包適當位置。

3 粉紅色不織布剪出舌頭形狀，貼於鼻子中央下方，再以保麗龍膠黏貼眼珠、鼻子與舌頭。

本體1個（白色004）

段	針數	加減針
11背面	13	不增減
10	13	不增減
9	13	＋2針
8	11	不增減
7	11	＋2針 ※此段開始分兩側以往復編鉤織
4～6	18	不增減
3	18	＋6針
2	12	＋6針
1	6	在輪中鉤織6針短針

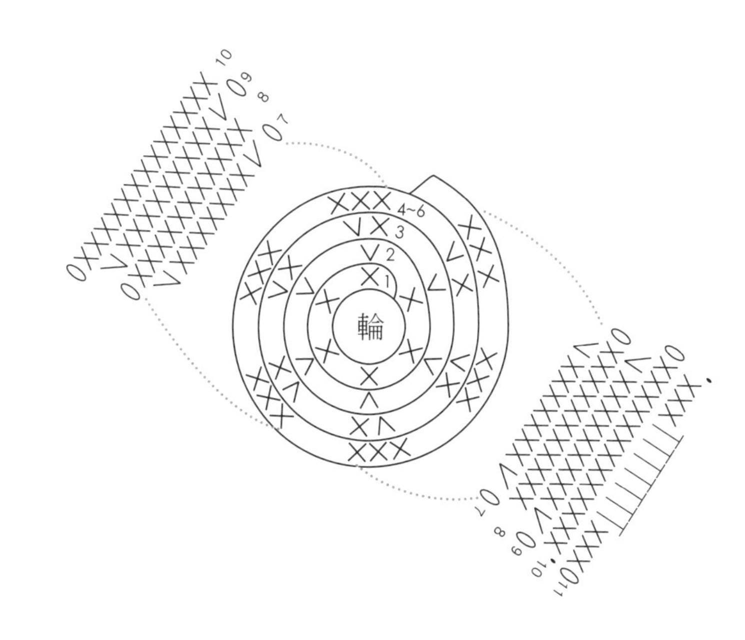

鼻子1個（白色004）

段	針數	加減針
4	12	＋3針
3	18	＋6針
2	12	＋6針
1	6	在輪中鉤織6針短針

※第4段僅鉤至半圈12針即引拔結尾。

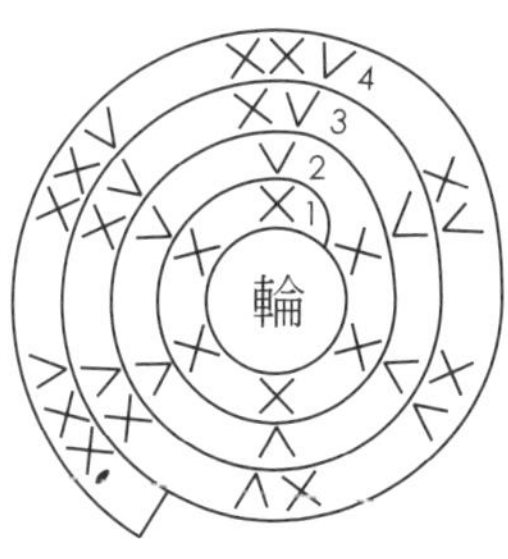

耳朵2個（白色004）

段	針數	加減針
3	12	＋4針
2	8	＋2針
1	6	在輪中鉤織6針短針

31 泰迪熊狗（貴賓）

作品圖 ✲ P.33

尺寸：高 8cm 寬 8.5cm　難易度：★★★☆☆

線材 A. 楓葉咖啡色（6311），貝碧嘉咖啡色（2229）少許
B. 波麗毛線咖啡色（11），貝碧嘉淺咖啡色（2237）少許

鉤針 A. 5/0 號　B. 7/0 號

配件 8.5 公分半圓口金．14mm 眼珠一對．14mm 鼻子一個

A 全部以楓葉咖啡色（6311）鉤織
B 全部以波麗毛線咖啡色（11）鉤織。

1 輪狀起針，依織圖鉤織口金包本體，背面鉤織至 13 段即引拔結束，正面（即表情面）繼續鉤織 14、15 段，完成後取兩股貝碧嘉咖啡色線，縫合本體與口金。

2 鉤織鼻子並塞入棉花，將兩個耳朵與鼻子縫合於口金包適當位置。最後以保麗龍膠黏貼眼珠與鼻子。

鼻子1個

段	針數	加減針
5	26	不增減
4	26	+4針
3	22	+4針
2	18	在鎖針上挑短針18針
1	9	鎖針起針9針

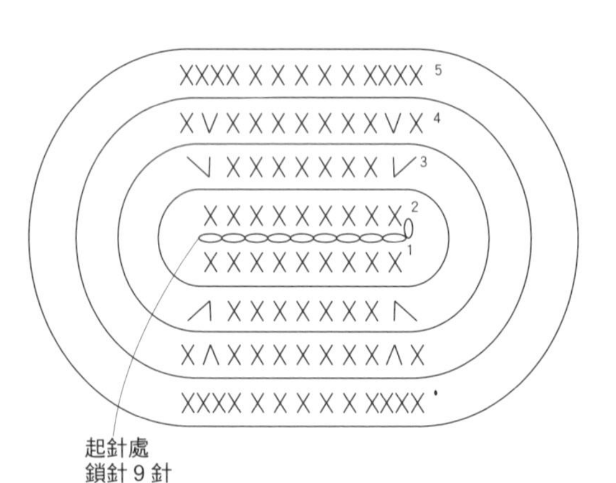

耳朵2個

段	針數	加減針
7	12	不增減
6	12	−3針
4~5	15	不增減
3	15	+5針
2	10	+5針
1	5	在輪中鉤織5針短針

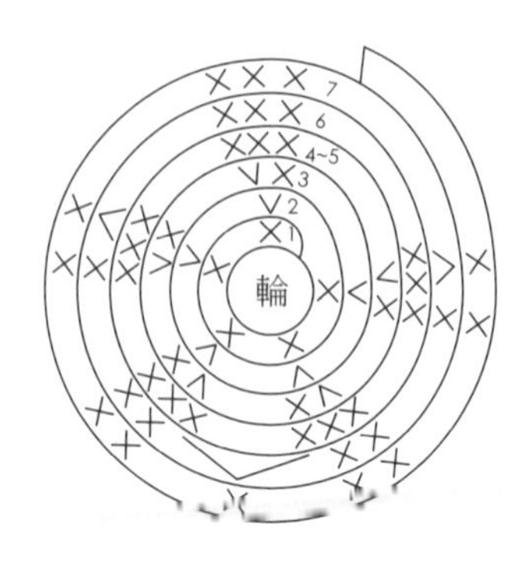

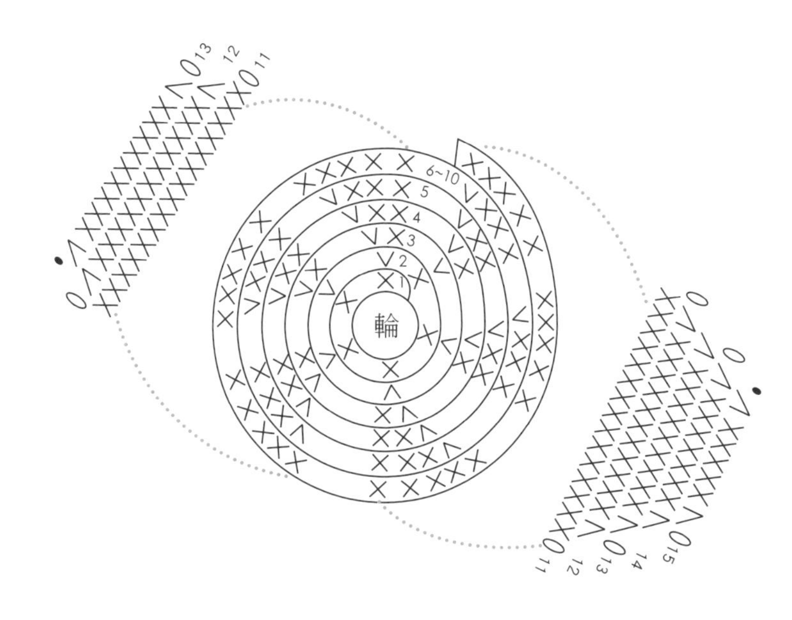

本體1個

段	針數	加減針
15正面	7	－2針
14正面	9	－2針
13	11	－2針
12	13	－2針
11	15	不增減 ※此段開始分兩側以往復編鉤織
6～10	30	不增減
5	30	＋6針
4	24	＋6針
3	18	＋6針
2	12	＋6針
1	6	在輪中鉤織6針短針

32 雪納瑞

作品圖 ✲P.33

尺寸：高 9.5cm 寬 8.5cm　難易度：★★★☆☆

線材 波麗毛線灰色（18）．米白色（01），貝碧嘉灰色（2216）少許

鉤針 7/0 號

配件 8.5 公分半圓口金．14mm 眼珠一對．21mm 鼻子一個

1　輪狀起針，依織圖鉤織口金包本體，背面鉤織至15段即引拔結束，正面（即表情面）繼續鉤織 16、17 段，完成後取兩股貝碧嘉灰色線，縫合本體與口金。

2　鉤織鼻子並塞入棉花，將兩個耳朵、眉毛與鼻子縫合於口金包適當位置。最後以保麗龍膠黏貼眼珠與鼻子。

耳朵2個（灰色18）

段	針數	加減針
3～8	6	不增減
2	6	＋3針
1	3	在輪中鉤織3針短針

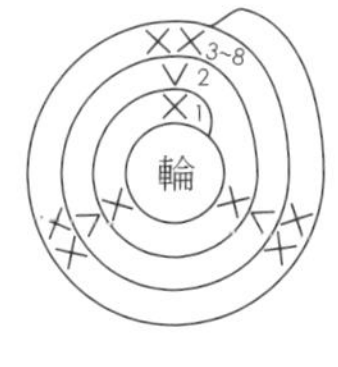

眉毛2個（米白色01）

32 雪納瑞

鼻子1個（米白色01）

段	針數	加減針
4	24	+4針
3	20	+4針
2	16	在鎖針上 挑短針16針
1	8	鎖針起針8針

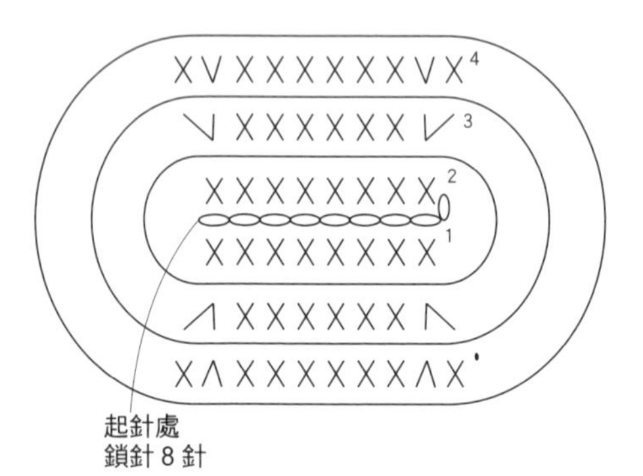

本體1個（灰色18）

段	針數	加減針
17正面	7	－2針
16正面	9	－2針
15	11	－2針
14	13	－2針
13	15	不增減 ※此段開始 分兩側 以往復編鉤織
12	30	不增減
11	30	+6針
9～10	24	不增減
8	24	－6針
6～7	30	不增減
5	30	+6針
4	24	+6針
3	18	+6針
2	12	+6針
1	6	在輪中鉤織 6針短針

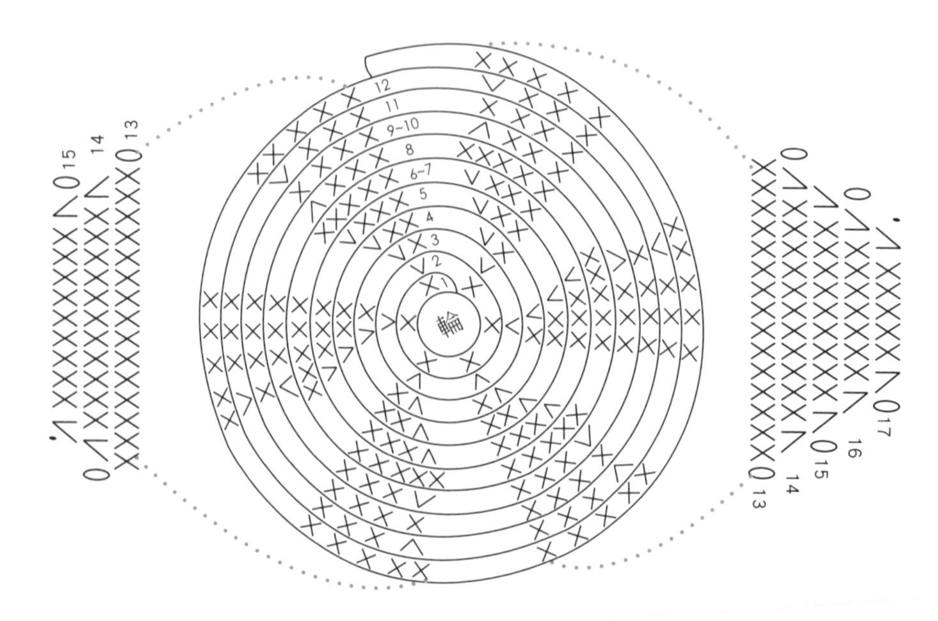

33 白梗

作品圖 ✲ P.33

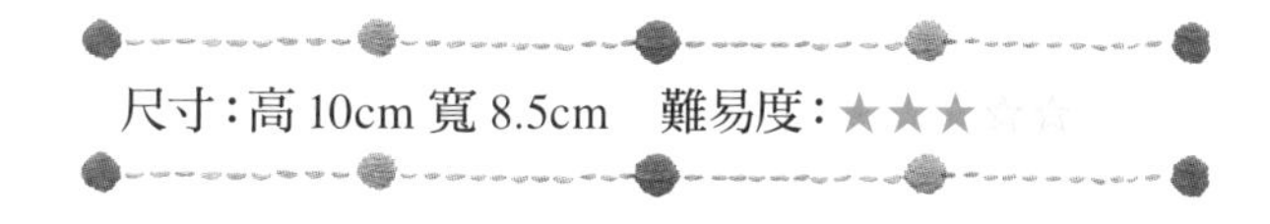

線材 楓葉白色（6301），貝碧嘉白色（2201）少許

鉤針 5/0 號

配件 8.5 公分半圓口金．14mm 眼珠一對．14mm 鼻子一個

1 輪狀起針，依織圖鉤織口金包本體，背面鉤織至 14 段即引拔結束，正面（即表情面）繼續鉤織 15、16 段，完成後取兩股貝碧嘉白色線，縫合本體與口金。

2 鉤織鼻子並塞入棉花，將兩個耳朵與鼻子縫合於口金包適當位置。最後以保麗龍膠黏貼眼珠與鼻子。

鼻子1個（白色6301）

段	針數	加減針
5	26	不增減
4	26	+4針
3	22	+4針
2	18	在鎖針上 挑短針18針
1	9	鎖針起針9針

耳朵2個（白色6301）

段	針數	加減針
8	15	+3針
7	12	不增減
6	12	+3針
5	9	不增減
4	9	+3針
3	6	+3針
2	3	在鎖針上 挑短針3針
1	3	鎖針起針3針 頭尾引拔成圈

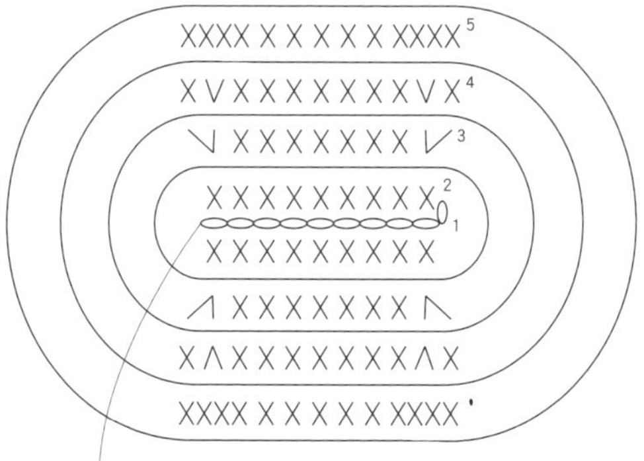

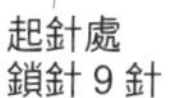

起針處
鎖針 9 針

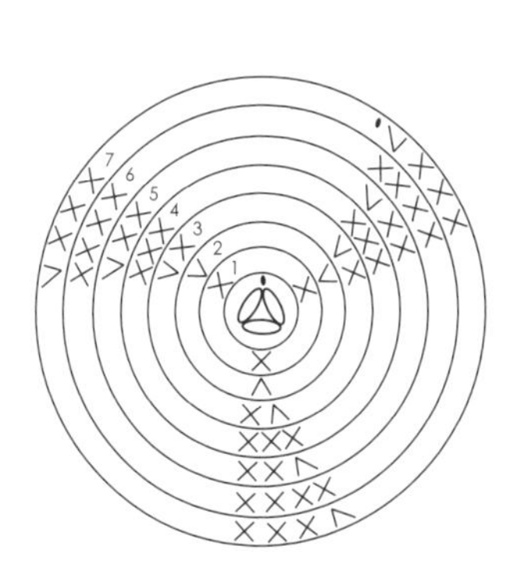

33 白梗

本體1個

段	針數	加減針
16 正面	7	−2針
15 正面	9	−2針
14	11	−2針
13	13	−2針
12	15	不增減 ※此段開始分兩側以往復編鉤織
11	30	不增減
10	30	+6針
9	24	不增減
8	24	−6針
6~7	30	不增減
5	30	+6針
4	24	+6針
3	18	+6針
2	12	+6針
1	6	在輪中鉤織 6針短針

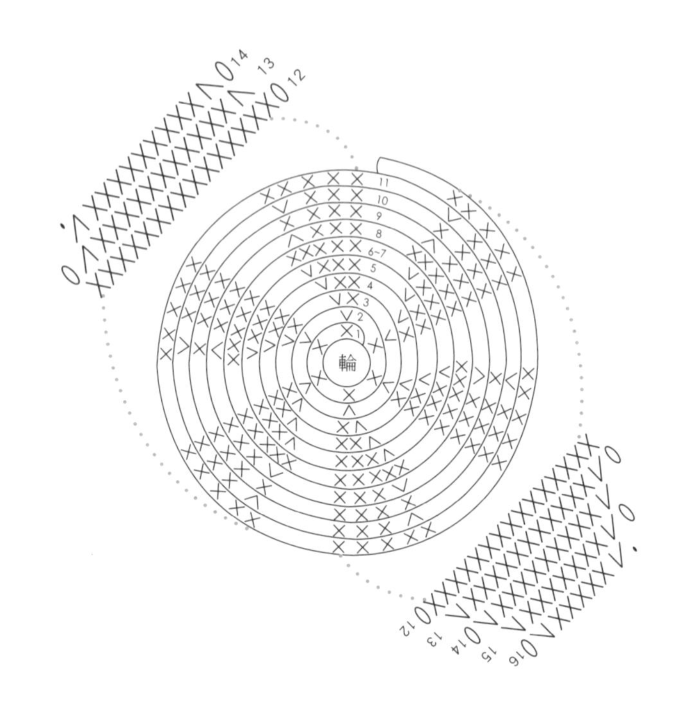

34 藍貓

作品圖 ✲P.34

尺寸：高 8cm 寬 8.5cm　難易度：★★★

線材 吉貝花線 灰藍（3706），貝碧嘉淺灰色（2216）少許

鉤針 8/0 號

配件 8.5 公分半圓口金．12mm 眼珠一對．14mm T形鼻一個

1 輪狀起針，依織圖鉤織口金包本體，完成後取兩股貝碧嘉淺灰色線，縫合本體與口金。

2 鉤織鼻子並塞入棉花，將兩個耳朵與鼻子縫合於口金包適當位置。再以保麗龍膠黏貼眼珠、鼻子。

鼻子1個（灰藍3706）

段	針數	加減針
4	3	不增減 ※往復編
3	3	不增減 ※僅鉤前3針
2	6	不增減
1	6	在輪中鉤織 6針短針

耳朵2個（灰藍3706）

段	針數	加減針
4～5	12	不增減
3	12	＋4針
2	8	＋4針
1	4	在輪中鉤織 4針短針

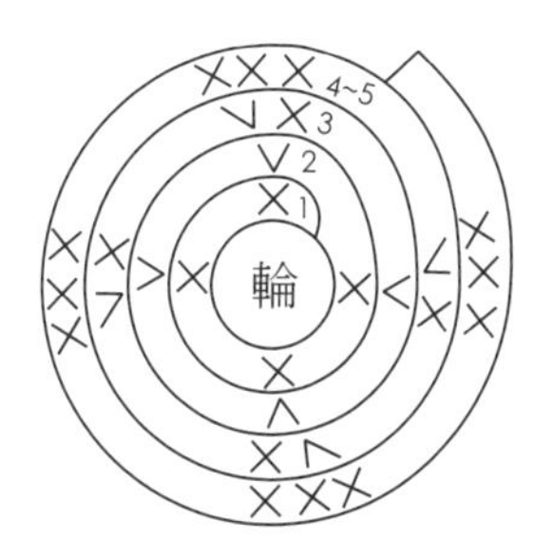

本體1個

段	針數	加減針
15	7	－2針
14	9	－2針
13	11	－2針
12	13	－2針
11	15	不增減 ※此段開始分兩側 以往復編鉤織
6～10	30	不增減
5	30	＋6針
4	24	＋6針
3	18	＋6針
2	12	＋6針
1	6	在輪中鉤織 6針短針

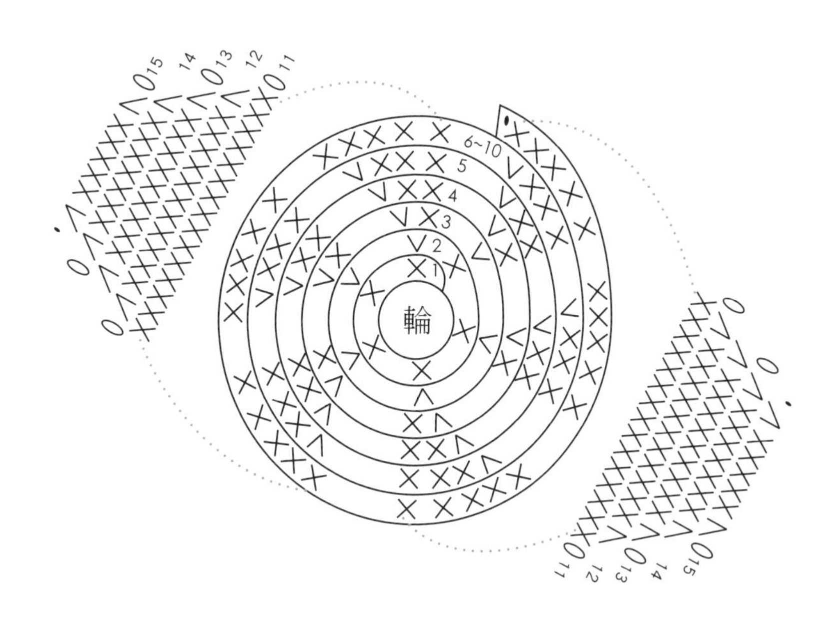

國家圖書館出版品預行編目資料

俏皮裝可愛!女孩最愛の鉤織口金包 / 愛線妞媽著.
-- 初版. -- 新北市 : 雅書堂文化, 2017.07
面； 公分. -- (愛鉤織 ; 32)
ISBN 978-986-302-379-1 (平裝)

1.編織 2.手工藝
426.4 106011546

【Knit・愛鉤織】32

俏皮裝可愛！
女孩最愛の鉤織口金包（暢銷新裝版）

作　　者／愛線妞媽
發 行 人／詹慶和
總 編 輯／蔡麗玲
執行編輯／蔡毓玲
編　　輯／劉蕙寧・黃璟安・陳姿伶・李佳穎・李宛真
執行美編／陳麗娜
美術編輯／周盈汝・韓欣恬
攝　　影／數位美學・賴光煜
製　　圖／巫鎧茹
出 版 者／雅書堂文化事業有限公司
發 行 者／雅書堂文化事業有限公司
郵撥帳號／18225950
戶　　名／雅書堂文化事業有限公司
地　　址／新北市板橋區板新路206號3樓
電　　話／（02）8952-4078
傳　　真／（02）8952-4084
網　　址／www.elegantbooks.com.tw
電子郵件／elegantbooks@msa.hinet.net

2014年9月初版一刷　2017年7月二版一刷　定價 320 元

總經銷／朝日文化事業有限公司
進退貨地址／新北市中和區橋安街15巷1號7樓
電話／(02) 2249-7714　傳真／(02) 2249-8715

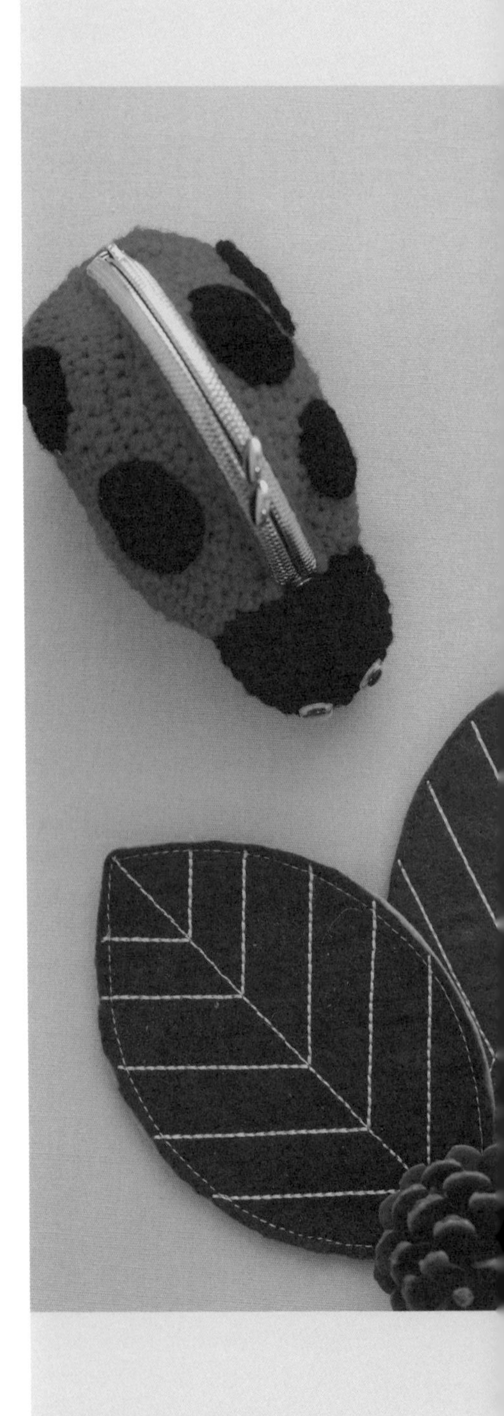

簡單好上手
初學者也OK！

AISLON®

編織未來 實線夢想

關於我們

黃合成有限公司成立於 1958 年，
為專業的毛線編織與其他手工藝附屬產品供應商。
主要產品有各式羊毛線、亞克力紗、花式紗、ROVING、蠶絲、夏紗
以及各類特殊功能用紗，線材產品研發至今已有三千多項。
從創立、奠定基礎到穩定成長，即使面對嚴峻的挑戰，
黃合成團隊始終秉持著追求創新的經營模式，堅持以服務為導向，
努力以成為編織業界的最好交易平台為目標，創造客戶與員工雙贏的最大價值。
未來黃合成仍會秉持著「誠信．品質．服務」的經營理念，持續努力，
創造更美好的手作編織樂園。

About Aislon

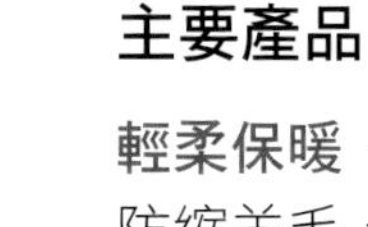

主要產品

輕柔保暖．羊毛線
防縮羊毛、絲光羊毛、美麗諾、紐西蘭美麗諾、花美麗諾、頂級美麗諾、S 級美麗諾、蠶絲美麗諾、雅典娜毛線、各類混紡羊毛等。

玩偶小物．亞克力紗
莉絲啦啦線、貝碧嘉線、雲朵紗、糖果紗等。

玩轉創意．花式紗
羽毛紗、刷毛紗、超細絨紗、樹毛線、朵朵花線等。

省時好鉤．ROVING
馬德里毛線、歐若拉粗線、樂朵毛線等。

輕涼有型．各類夏紗
喜鶴夏紗、伊莎貝拉夏紗、美國棉夏紗等。

黃合成有限公司 ◎ 忠縉關係企業
地址：彰化縣鹿港鎮鹿草路四段 357 號
電話：04-7721149　傳真：04-7710162
網址：www.aislon.com.tw
黃合成粉絲團
https://www.facebook.com/pages/ 黃合成官方網站 /146932812092213

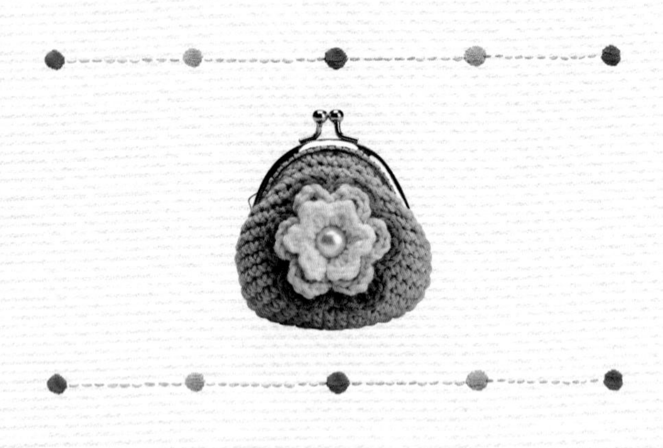